讓沂蓁教您賦予

周遭不起眼的物品全新的生命

沂蓁飾品魔法師
Yi Jen Accessories Magician

DIY Tin Accessories Magic Book

鑵頭飾品魔法書

—首部曲—

鑵頭飾品教主...........蔡沂蓁 編著

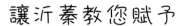

推薦序

李永萍
（臺北市政府副市長）

別具風格的罐頭手工飾品

在全球文化創意風潮推波助瀾下，各種獨創巧思紛紛出現，其中沂蓁的作品無疑是令人印象深刻的，更難能可貴的與環保意識相結合，創作出別具風格的罐頭手工飾品。如今將巧妙創意結集成書加以推廣，不僅展現出作者的洋溢才華，也分享給廣大讀者體驗 DIY 的樂趣。

李永萍

李天柱

（2006 金鐘獎影帝、資深藝人）

美麗新「飾」界・精彩「藝」點靈

從影以來，演過無數角色，隨著時代快速的變化，不停追求新的定位，期望自己帶給觀眾更大的肯定，我想這是藝人該有的創新精神，雖然我很少接觸手工這類藝術，但也看了無數圈內藝人的穿著打扮，她們都極盡想像的運用不同的配件，來呈現個人的特色，而這本書正帶給我相同的感覺，作者運用家庭廢棄的材料，創作出精美的飾品，製作出獨一無二的罐頭飾品。用料環保創新、製作精緻巧妙，跳脫出一般手藝書的框框。手創的藝術具有獨創性，正是手作的價值所在，天柱樂意向大家推薦，分享作者帶妳進入美不勝收的手創世界，發揮個人不同風格的創作靈感，讓妳突破現有的思維，愉悅的邁向另一個更具創意、更有特色的美麗新「飾」界。

李天柱

沂蓁飾品魔法師
Yi Jen Accessories Magician

眭澔平

（電視新聞記者、世界文化史專家、旅遊作家）

培養新人類立體 3D 思維 · 手工飾品「罐」軍教主

遊歷世界、探索新鮮事物一直是我的興趣，沂蓁首創罐頭手工飾品很有創意，化腐朽為神奇，將罐頭解體，再賦予新生命，變成精美實用的飾品，手工飾品「罐」軍教主——沂蓁帶領讀者由罐頭開始，展開神奇的創意之旅！

罐頭飾品魔法書

對學校來說，是最好的教學教材，素材簡便易懂，手腦並用最能啟動學生們不同的創作靈感。

對家庭來說，是親子互動最佳的題材，藉此訓練孩子對立體 3D 多度空間的思維和耐性。

對長者來說，是牽動阿公阿嬤腦神經的好方法，訓練長者手腦靈活並用，活化生命力的好手工。

對民眾來說，是舒緩情緒、放鬆心情的手工藝，雕塑屬於自己的手工藝品。

環保愛地球、廢物變黃金 --- 是潮流也是趨勢，罐頭手工飾品極富挑戰性和趣味性，小巧玲瓏容易入手，絕對值得大家來創作，朋友們，動動手、動動腦創作罐頭手工飾品，你的生活也會變得很精采、很有創意哦！

眭澔平

楊家駿

（香港外交部領事事務局局長）

做個快樂的環保創作達人

作者經過多年的研究，熟練的技巧、細膩的巧思、特殊的素材，化腐朽為神奇，本人樂於見到作者以此書作為橋樑，帶讀者進入《罐頭手工飾品》的創作，正值全球積極在推動環保節能，我特別向大家推薦，這本精緻工具書，做個快樂的環保創作達人，一起環保愛地球。

楊家駿

Leveille H. Evans

(The past president of Ikebana International Hong kong chapter 1963-65 國際花會香港分會前會長 1963-65 & The director of the Hong Kong branch of the Sogetsu Teachers Association 草月流香港分會會長)

獨一無二的飾品

Yi Jen uses environmental-friendly materials to create these magnificent and unique accessories. Such beautiful items truly reflect her talent and creativity. Lik e her flower art, her accessories exhibit individuality and character. She applies her expertise in flower arrangements which are fantastic.

中譯：

沂蓁運用了一些環保材料配合不同素材，創作出與眾不同、獨一無二的飾品，真正發揮了她個人的創作藝術天分，和她的花藝一樣，散發出個人的獨特風格，將這些技巧運用在花藝上，必能在花藝上增添多采多姿的變化。

Leveille Evans

序

化腐朽為神奇般的精彩

有沒有想過親自用一些廢物結合一般素材，製作出一件件別出心裁的飾品呢？當一些沒用的鋁罐、鐵罐，一些剩餘的毛線、碎布，遇上一些平凡不起眼的珠子、鍊子等等時，可能譜出一件件賞心悅目的飾品，就像化腐朽為神奇般的精彩，必定會為您贏得許多讚美，美化你的人生，同時亦希望帶動這個潮流。

飾品創作世界裡尋它千百回

把一些平平無奇的小東西，巧妙地編織在一起，可愛奪目的小創作，這都是可用您的巧思得到的，特別有一種喜悅的滿足感．當心血來潮無意之間湧現靈感時，很自然的帶動我去創作一件作品，有時帶出源源不絕的靈感，驅使我欲罷不能，常常沉醉在飾品創作的世界裡，尋它千百回，之後看看每一件作品就更愛不釋手了。

最少的金錢發揮最高的裝扮價值

在這多采多姿的世界裏，萬物日新月異，連小小的裝飾品也能千變萬化，飾品在裝扮上扮演著重要的角色，一件很簡單的衣服，只要配上精緻獨特的飾品，既能頓時蓬壁生輝，有錢的人可以買名牌或請專業人士為他們做形象設計，但沒有太多錢的大眾一樣可以突圍而出哦！不用花上大把大把的金錢，也能打扮得美麗出色、別樹一格，用最少的金錢發揮出最高的裝扮價值，您會發現更有意思，更富挑戰性呢！

豐儉由人　操之在己

沂蓁的打扮哲學是「豐儉由人、操之在己」，每個不同年齡的女性都可用飾品來加以裝飾，讓自己的裝扮能變得與眾不同。由於經濟的突飛猛進，人們在各方面都求新求變，對食、衣、住、行的要求也越來越高，就連飾品也受到愛美人士的講究，務求獨特、 精緻、美觀和多種配戴用途，要打扮得有個性，就要動動腦、動動手了。

動動手　動動腦共創新「飾」界吧

沂蓁對於有創意的事物一向興趣濃厚，學習時裝設計之前，便迷上飾品創作，經過巧思所得的作品，自然具有個人風格，絕不會和坊間千篇一律的飾品一樣。經過一段時間的不斷研究思考，已把它當作是一種消遣，發現的確是件有趣的事，所以希望能將研究、創作、設計所得之作品與讀者分享，相信必能啟發您更多靈感，不論男生、女生都可打造個性飾品，送給親人、朋友都是最有義意的禮物吧！現在就讓我們一起來動動手、動動腦共創新「飾」界吧！

罐頭飾品教主　蔡沂蓁

2010 年 1 月

目次 CONTENTS

沂蓁飾品魔法師
Yi Jen Accessories Magician

沂蓁的工具

釘子（約 2mm 不要太細）& 槌子

開罐器

熱溶槍

AB 膠

記號筆

圓頭鉗

扁平鉗

尖嘴鉗

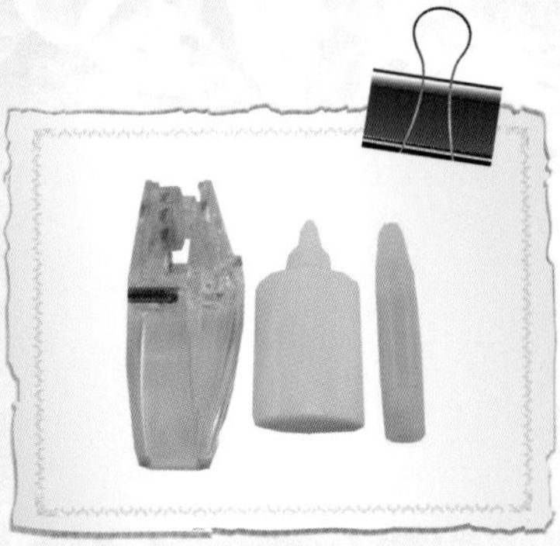

透明膠布 & 白膠漿 & 透明膠水

不銹鋼剪刀
（可用剪大甲蟹剪刀，五金行有售）

普通剪刀

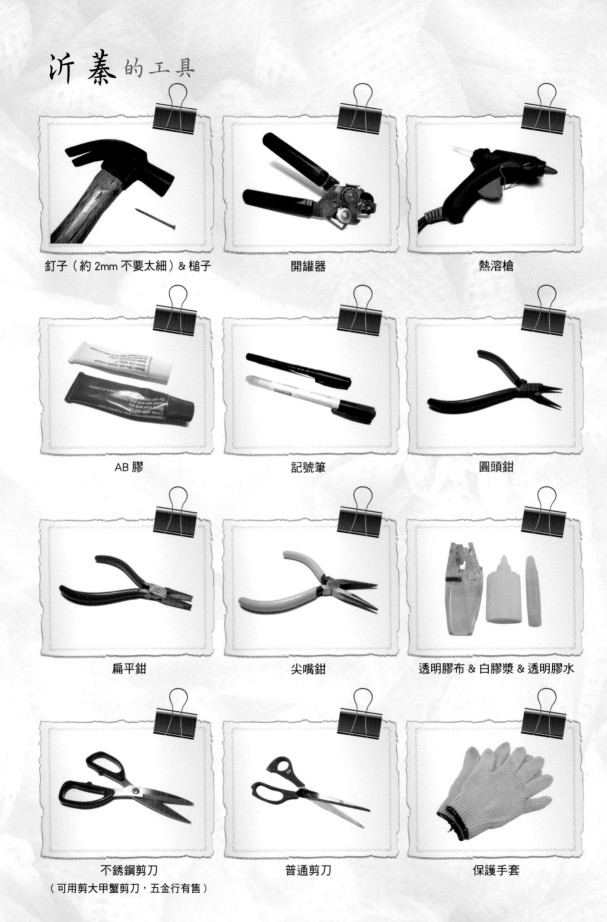

保護手套

沂蓁的材料

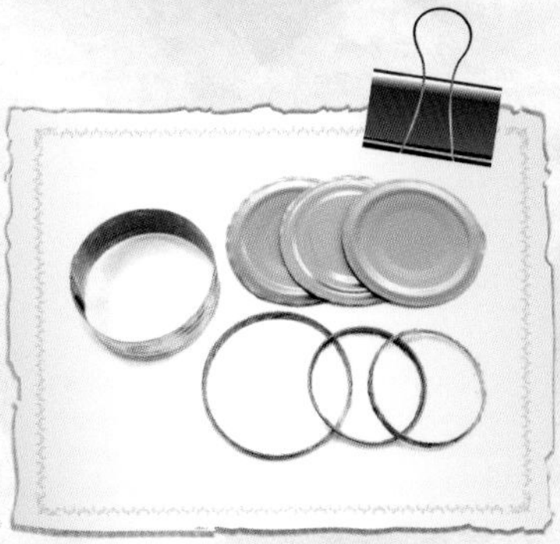

罐頭上下底等
（此書統稱金屬片、圈）

金屬罐頭身
（此書統稱金屬罐）

玻璃珠 & 半寶石 & 膠珠

不用的毛線

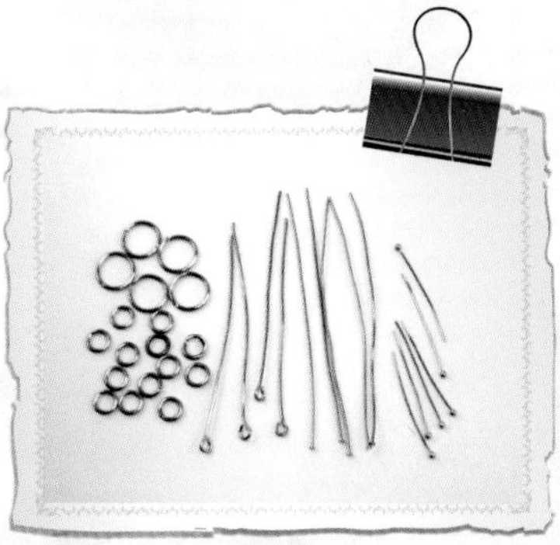

單圈 &T 字針 & 9 字針 & 珠針

戒指台 & 小圓台 & 別針 & 耳環鈎
& 問號形開關扣

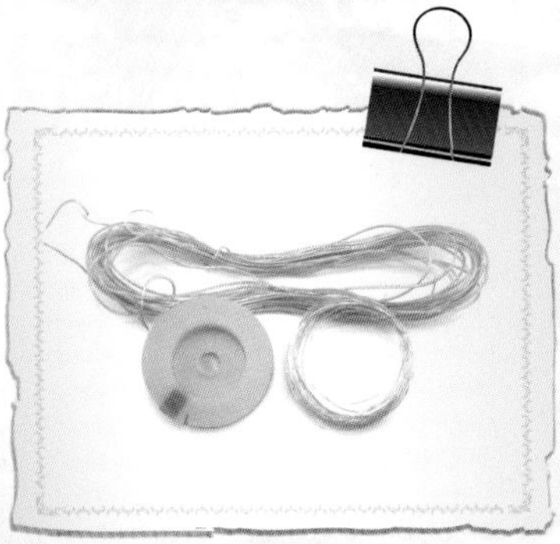

銅線（不銹鋼線可代替）&
銀色粗銅線 & 魚絲線

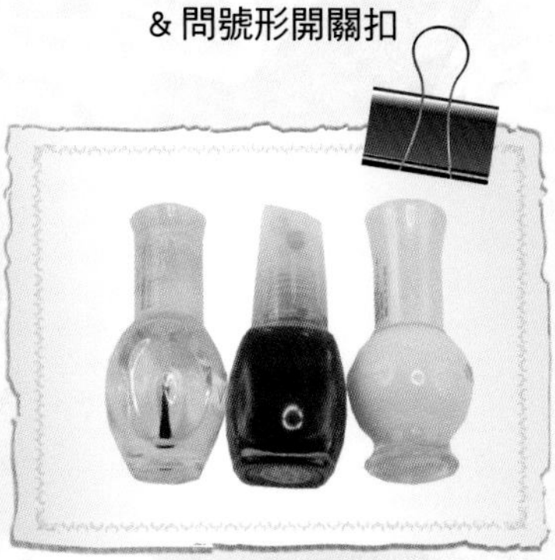

不用的指甲油

沂蓁的基本功

沒時間？！　　沂蓁心語會告訴你替代品哦～

1. 取出金屬片

1. 戴保護手套，開罐器剪出金屬罐上下底。
2. 取出備用。

2. 取出金屬圈 & 纏保護膠布

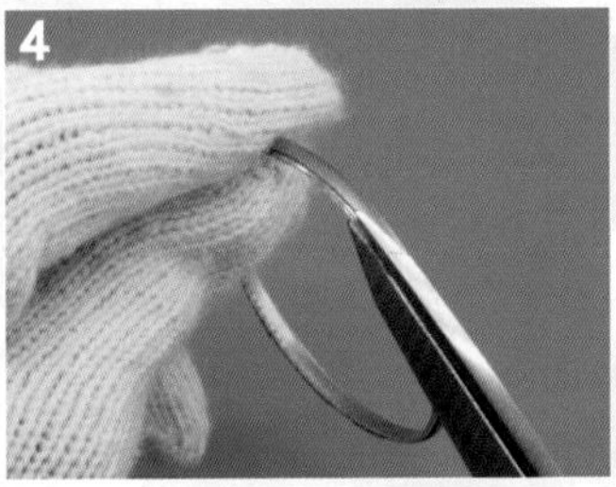

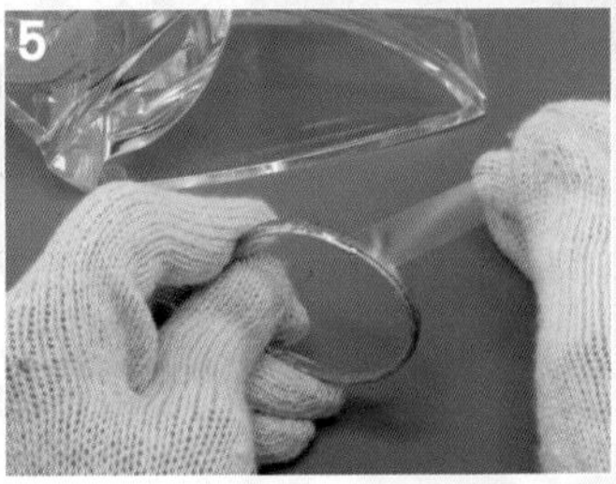

1. 開罐器緊貼金屬圈的邊緣，轉動開罐器。
2. 剪出金屬圈。
3. 用扁平鉗夾平。
4. 用不銹鋼剪刀修剪整齊。
5. 用透明膠布纏繞金屬圈，做保護。

3. 裁出圓形金屬片

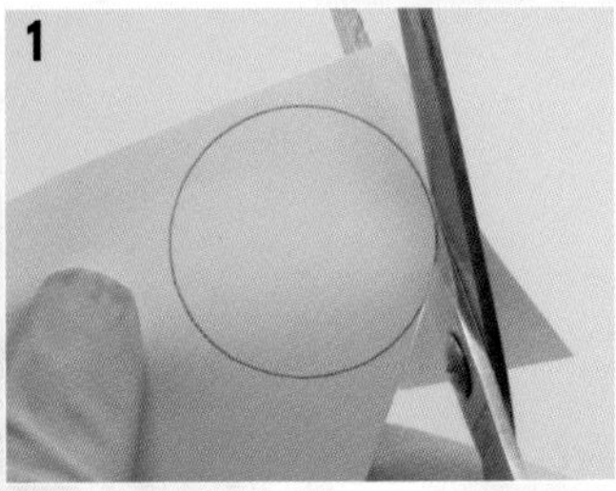

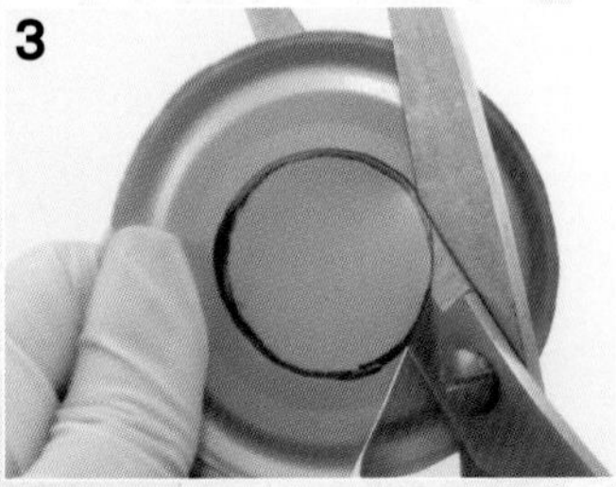

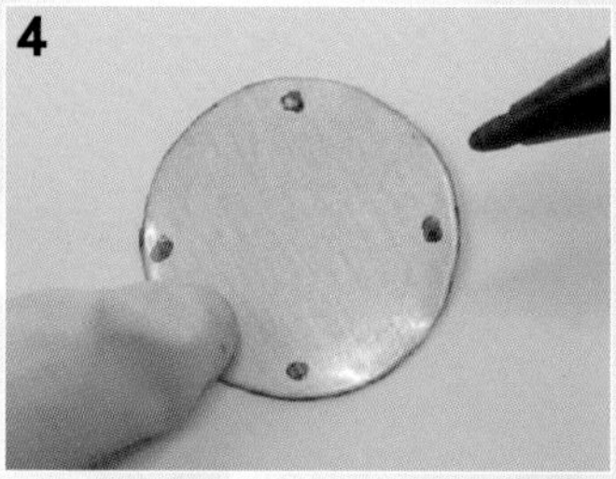

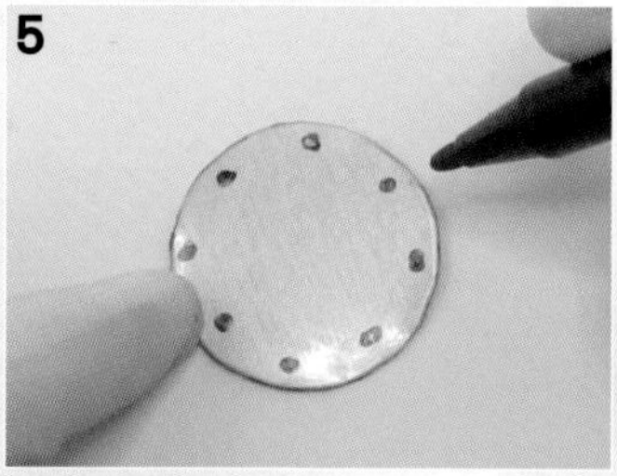

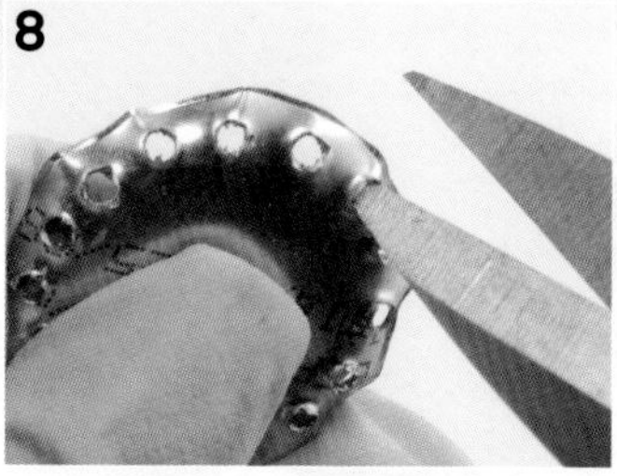

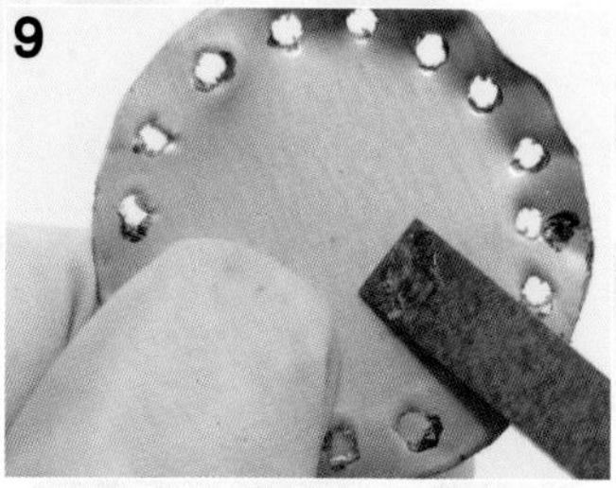

1. 剪一張圓形。
2. 在金屬片上描出圖形。
3. 用不銹鋼剪刀剪出圓形。
4. 上下左右，平均點出四點。
5. 找出點與點的中間點，做記號。
6. 以此類推，完成記號。
7. 用釘和槌子打洞（下面要墊厚厚的紙或不要的書，最好在地板上進行）。
8. 利刀將孔鑽大些。
9. 用扁平鉗夾平。

4. 裁出方形金屬片

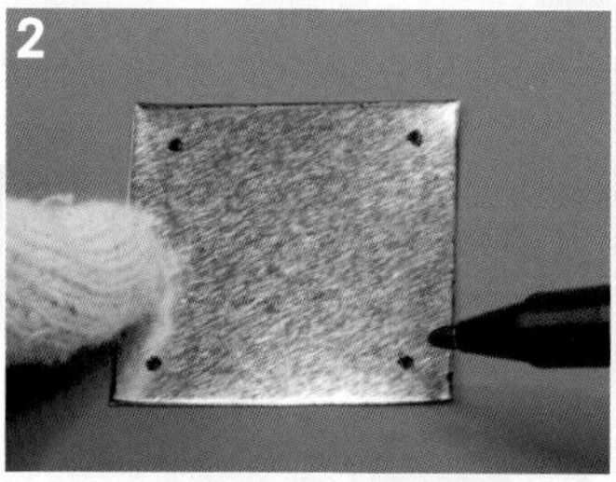

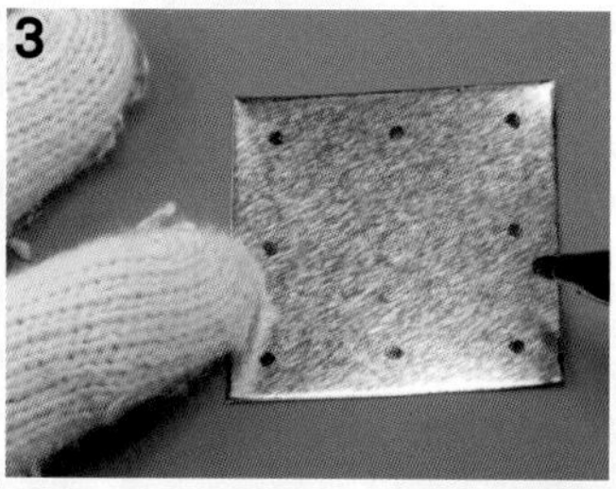

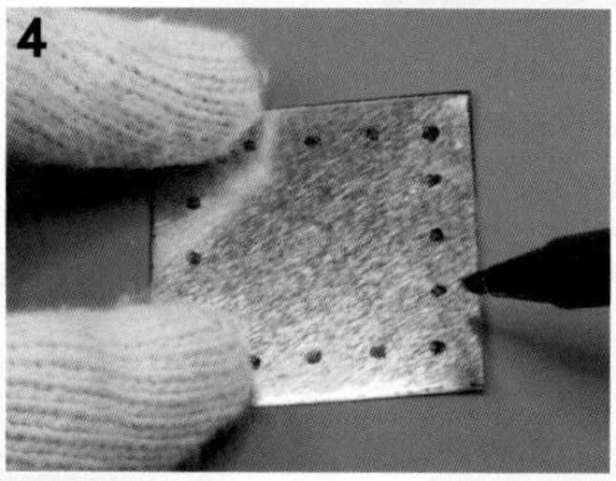

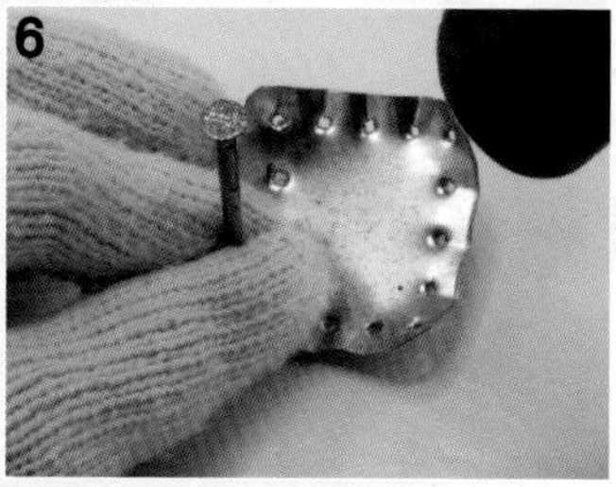

1. 裁出方形金屬片（參考基本功「圓形金屬片」步驟 1-3）。
2. 在四個角做記號。
3. 找出四邊的中心點，做記號。
4. 再找出點與點的中間點，做記號
5. 剪去四個尖角，以免弄傷。
6. 打洞（參考基本功「圓形金屬片」步驟 7-9）。

5. 裁出基礎手環零件

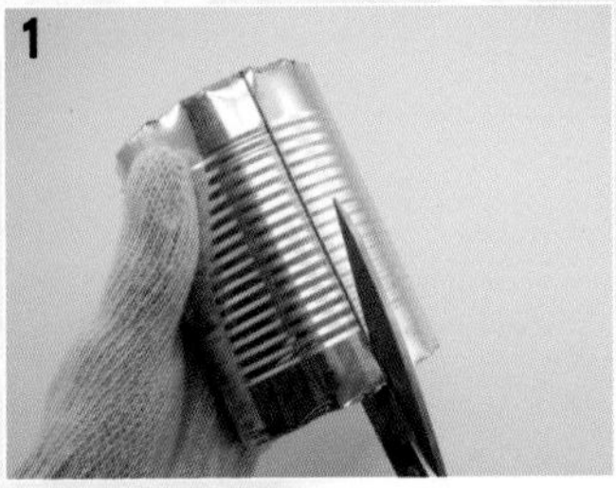

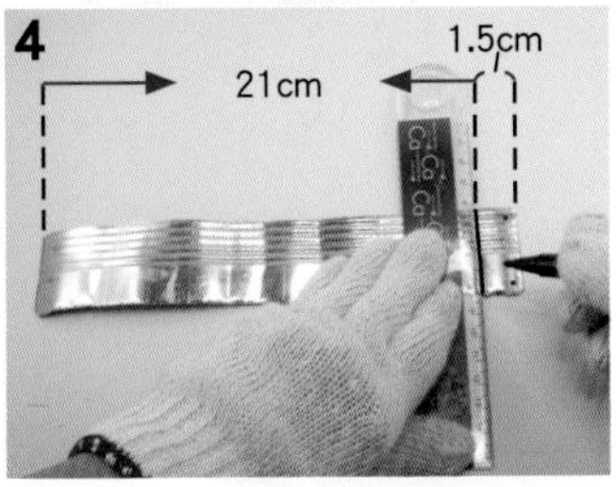

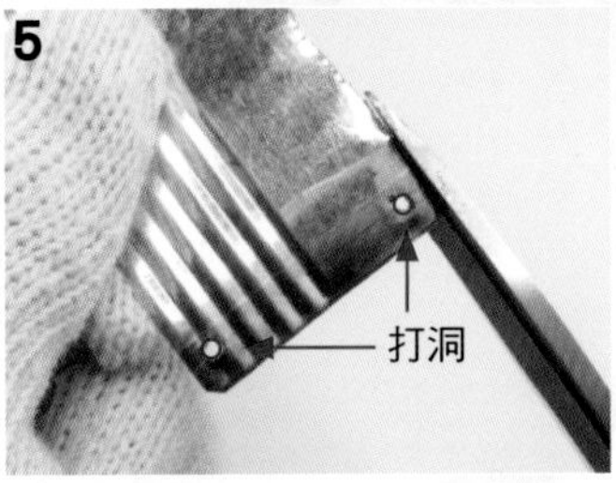

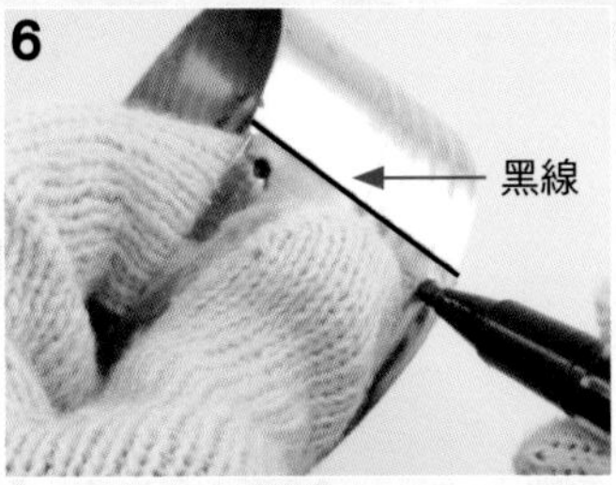

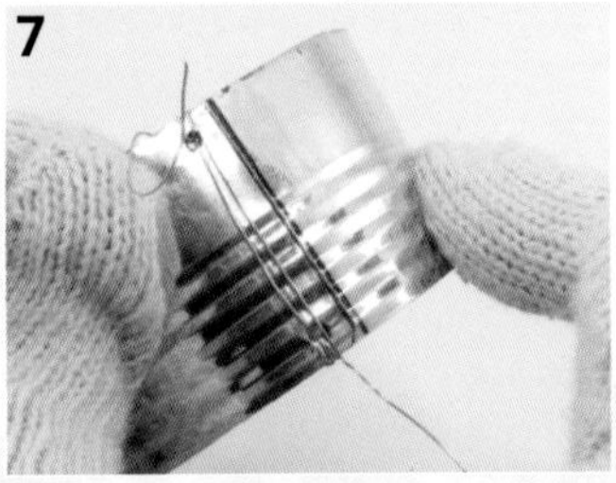

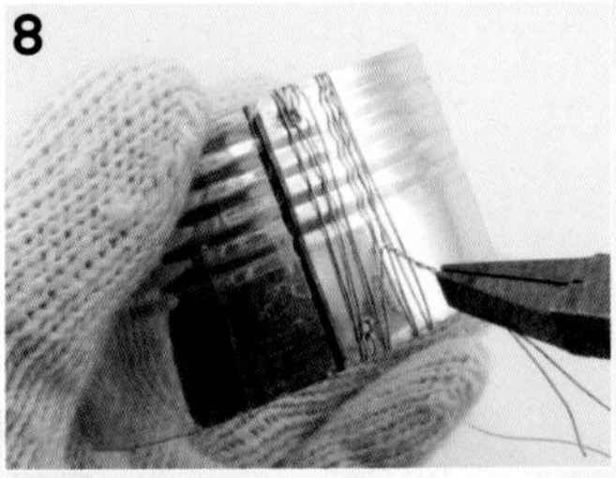

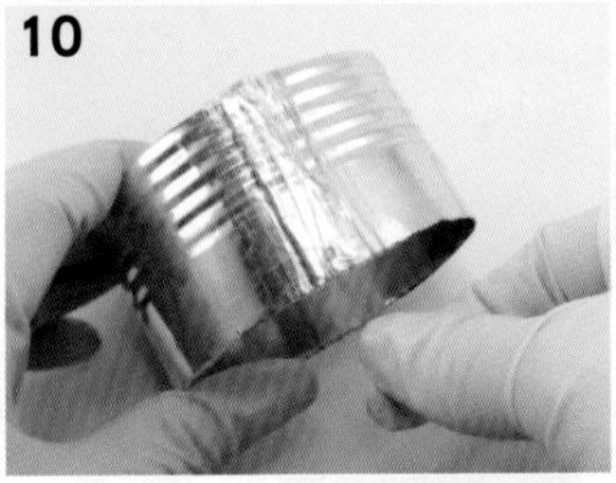

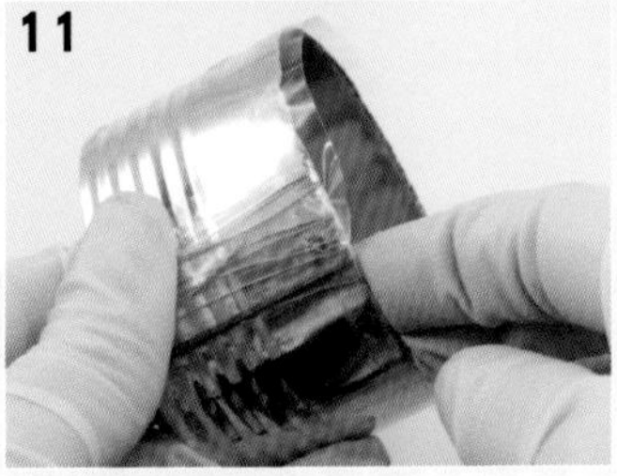

1. 剪開金屬罐的接駁處。
2. 量好寬度，剪出一圈金屬圈。
3. 剪去四個尖角，以免弄傷。
4. 左邊量起 21cm 處，劃一條線，「餘 1.5cm 打洞用，如圖在左邊上下各點兩點，再打洞」(參考圓形金屬片步驟 7-9。)

※ 尺寸視自己的手腕粗細而定，先量好自己的手腕尺寸，再決定長度。

5. 修齊邊。
6. 捲起金屬圈，交疊至黑線，透過兩個孔，在另一端做記號，再打洞。
7. 用銅線透過四個孔纏緊，做成一個圓形金屬圈。
8. 索緊銅線，但別扭斷，剪去多餘線。
9. 扁平鉗夾圓。
10. 透明膠布纏繞，做保護。
11. 再用透明膠布貼著圓邊，做保護。

第一章
夏日風情飾品組

SUMMER

也許是怒放的向日葵、也許是嬌豔的小雛菊，透過創意組合，盡情展現金色陽光般的魅力。

沂蓁飾品魔法師
Yi Jen Accessories Magician

沂蓁飾品魔法師
Yi Jen Accessories Magician
夏日風情飾品組

沂蓁飾品魔法師
Yi Jen Accessories Magician
夏日風情飾品組

沂蓁心語

＊ 古代傳說藥王菩薩，於腰間懸掛許多葫蘆，下凡民間，救治眾生，因此在陽宅風水應用上，它被視為一種法器，藉此收納穢煞之氣，改變室內之不利氣場。葫蘆、葫蘆，有福祿、福祿之諧音，因此被視為象徵「福祿」。這一條葫蘆形狀的吉祥飾品象徵會為你帶來福祿。
＊ 可用水晶代替玻璃珠，就會頓時變得華麗哦！

蓁 沂蓁飾品魔法師
Yi Jen Accessories Magician

夏日風情飾品組
福祿項鍊

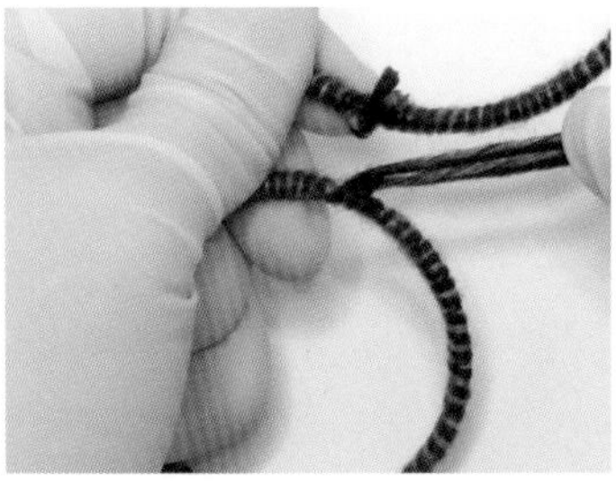

1. 金屬圈用雙色毛線緊密纏繞(參考熱情聖誕飾品組耳環步驟1-2)，注意：保留其中一圈的餘線。

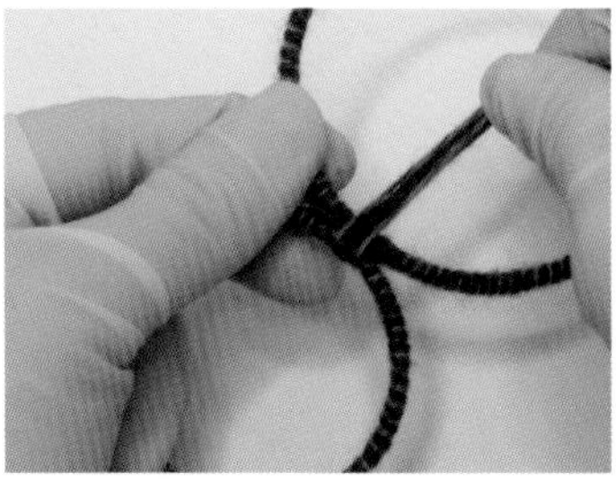

2. 用其中一圈的餘線，將兩圈綁在一起。

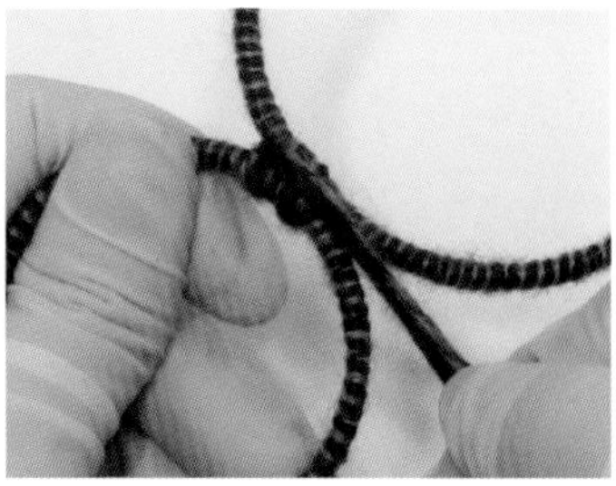

3. 橫向繞一圈。

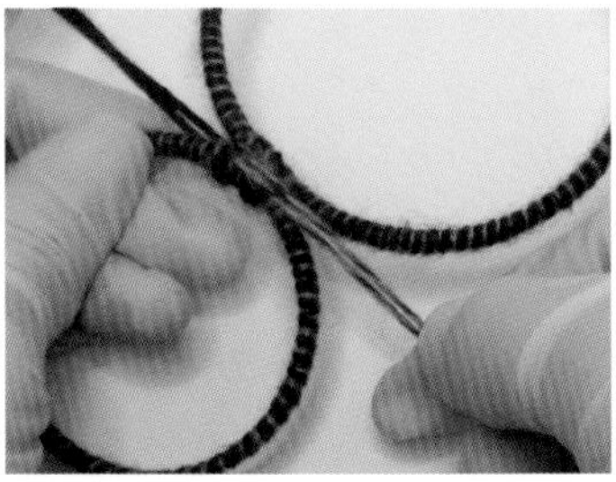

4. 分開兩組線。

5. 打雙結，上透明膠水，剪線。

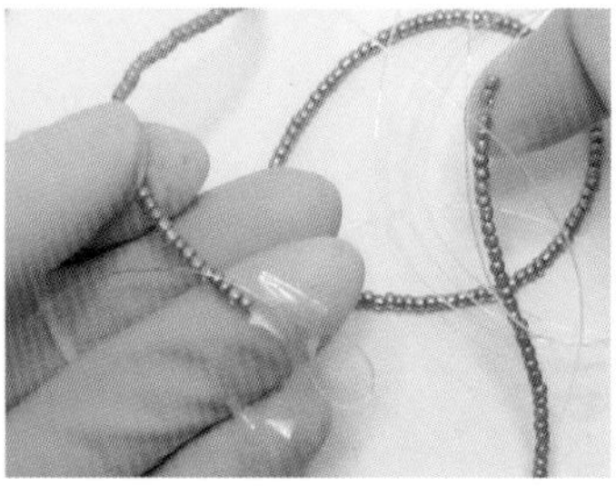

6. 魚絲穿一條珠子。

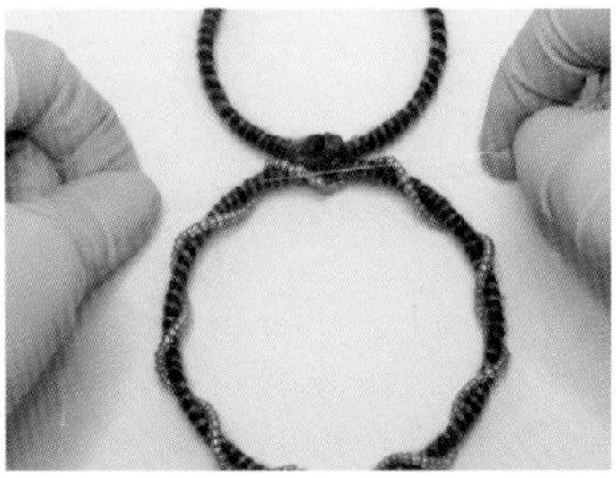

7. 繞在圈上，打結，藏線，剪線。另一圈如是做法。

8. 用另一條魚絲，做項鍊即可。

9. 完成圖

準備材料

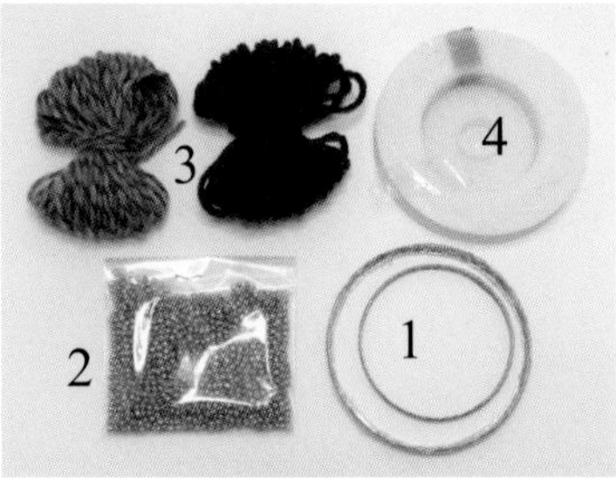

1. 金屬圈2個(直徑6.5cm&5cm)參考基本功之「取出金屬圈&纏保護膠布」
2. 深和淺咖啡色毛線各數量
3. 12/O金色玻璃珠數量
4. 魚絲3條(每條約45cm)

夏日風情飾品組

項鍊

準備材料

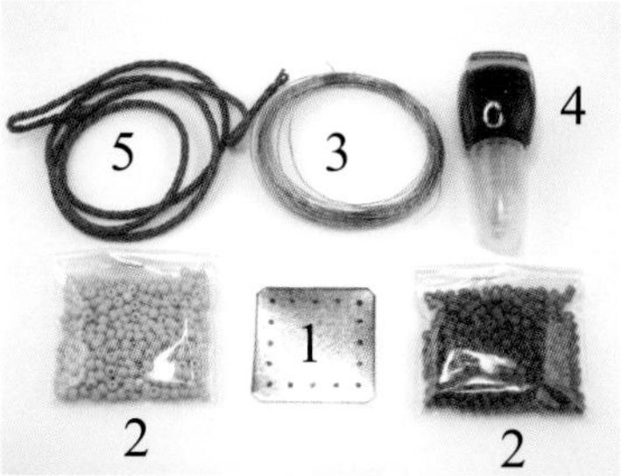

1. 正方形金屬片1片(4cmX4cm)參考基本功之「方形金屬片」
2. 6/O橘色&黃色玻璃珠數量
3. 0.4mm銅線1條(每條約160cm)
4. 紅色指甲油
5. 橘色皮繩1條

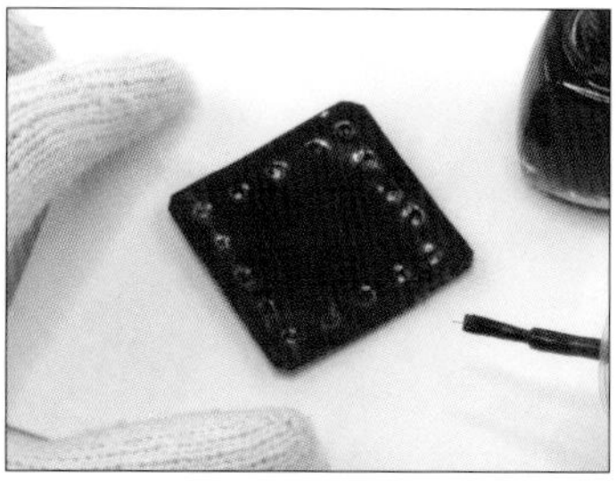

1. 如圖，金屬片打洞，指甲油上色。

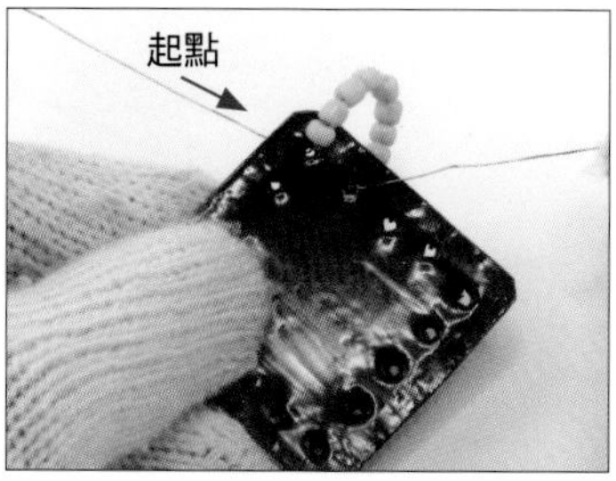

2. 每圈 10 粒 (參考傳情勵志書簽步驟 1)。

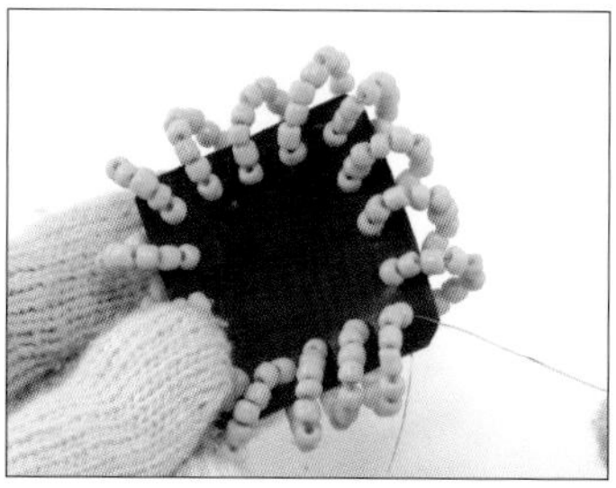

3. 完成第一層。

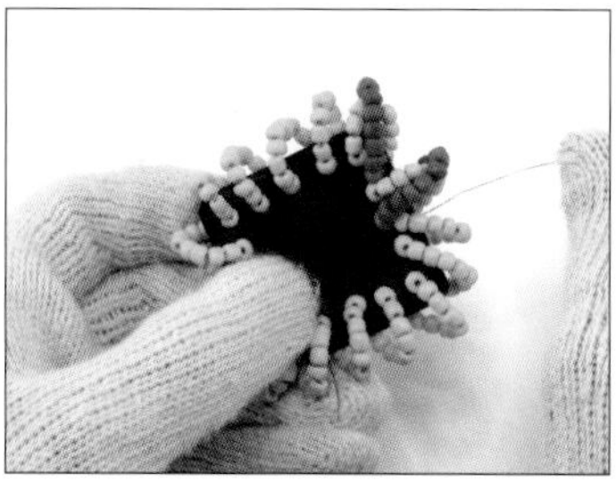

4. 反方向再穿橘色珠，每圈 12 粒。

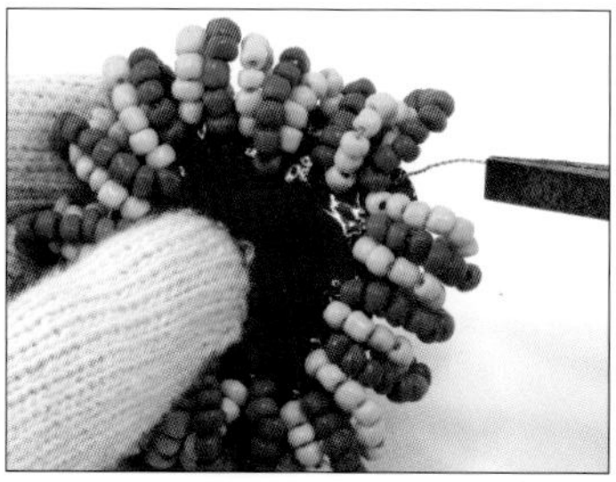

5. 把線頭鎖緊。

6. 線頭捲好在珠子下面，穿上皮繩打結，即可。

7. 完成圖

沂蓁心語

* 三個顏色形成強烈對比，會是一個美麗焦點。
* 打洞時會用筆做記號，記得用去指甲油水去掉金屬片上的記號，再上顏色。
* 利用不再使用的指甲油來上色，支持環保。

沂蓁飾品魔法師
Yi Jen Accessories Magician

夏日風情飾品組

髮夾、戒指

準備材料

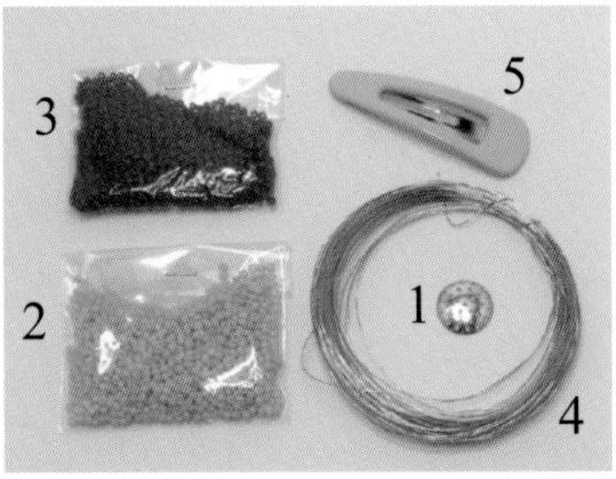

1. 有孔小圓台1個(直徑1.5cm)
2. 12/O黃色玻璃珠數量
3. 12/O紅色玻璃珠數量
4. 0.4mm銅線1條(約190cm)
5. 髮夾1支

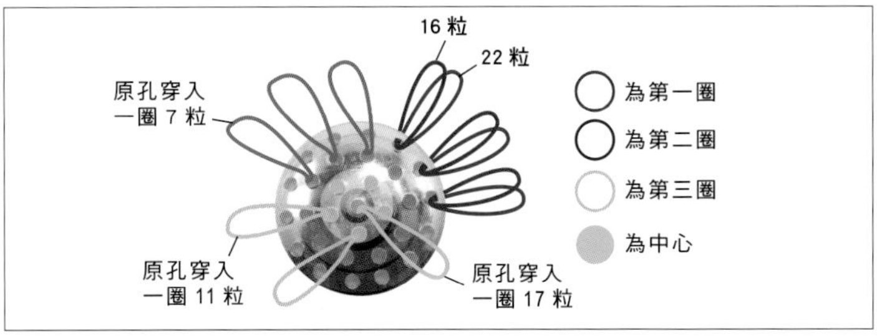

1. 圓台凸出面向上，銅線穿珠，同一孔穿珠子一圈 16 粒，一圈 22 粒，完成外圈。

2. 第一圈完成圖（黃色）。

3. 第二圈，每圈 7 粒珠（紅色），原孔再穿入。

4. 第三圈，如第二圈做法，每圈 11 粒珠。中心孔如是做法，只有一圈 17 粒珠。

5. 餘線穿到背面（凹入那邊），收好。

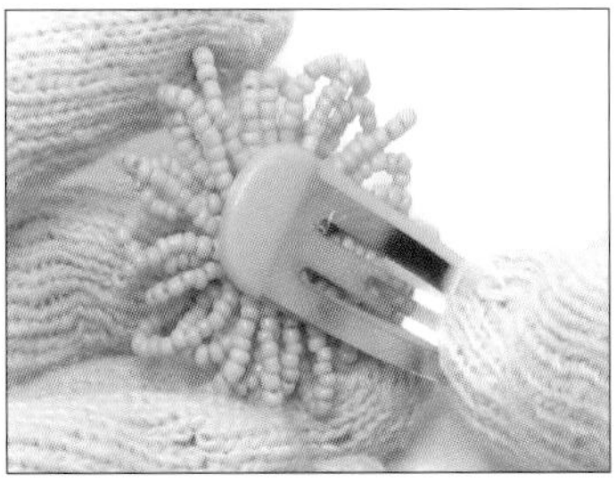

6. 熱溶槍固定髮夾。

7. 完成圖

第二章
海洋之星飾品組

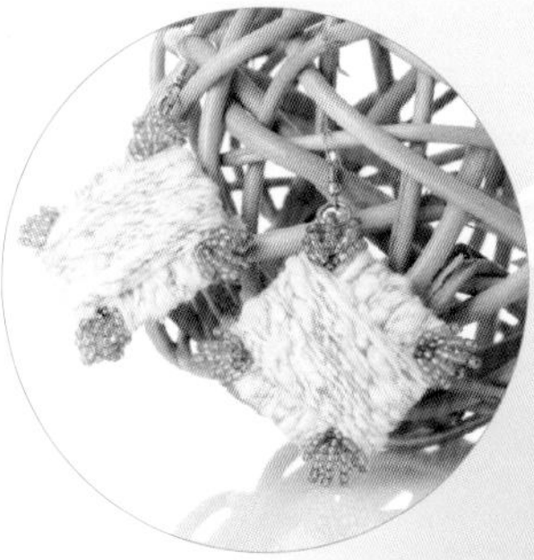

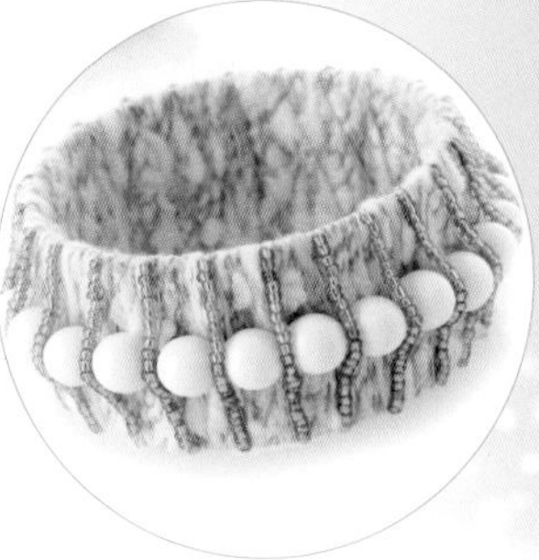

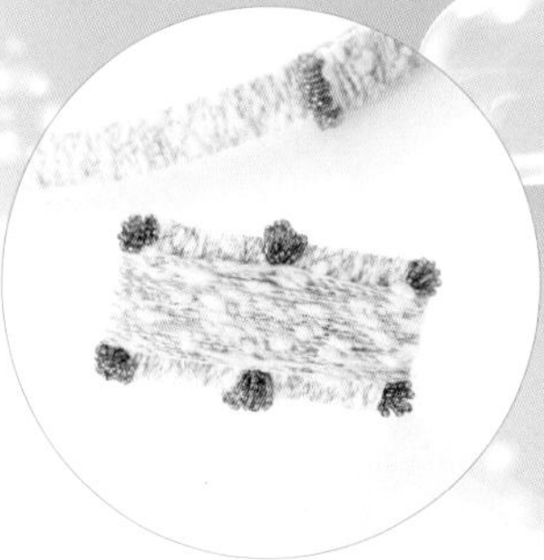

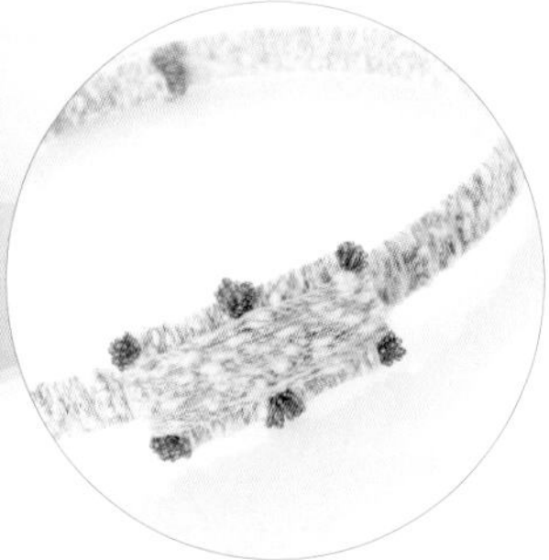

珊瑚、海星、水草、浪花、泡沫
、熱帶魚，航向海的神秘世界，
把藍色創意戴起來吧！

沂蓁飾品魔法師
Yi Jen Accessories Magician

沂蓁飾品魔法師
Yi Jen Accessories Magician
海洋之星飾品組
俏麗

蓁 沂蓁飾品魔法師
Yi Jen Accessories Magician

海洋之星飾品組

耳環

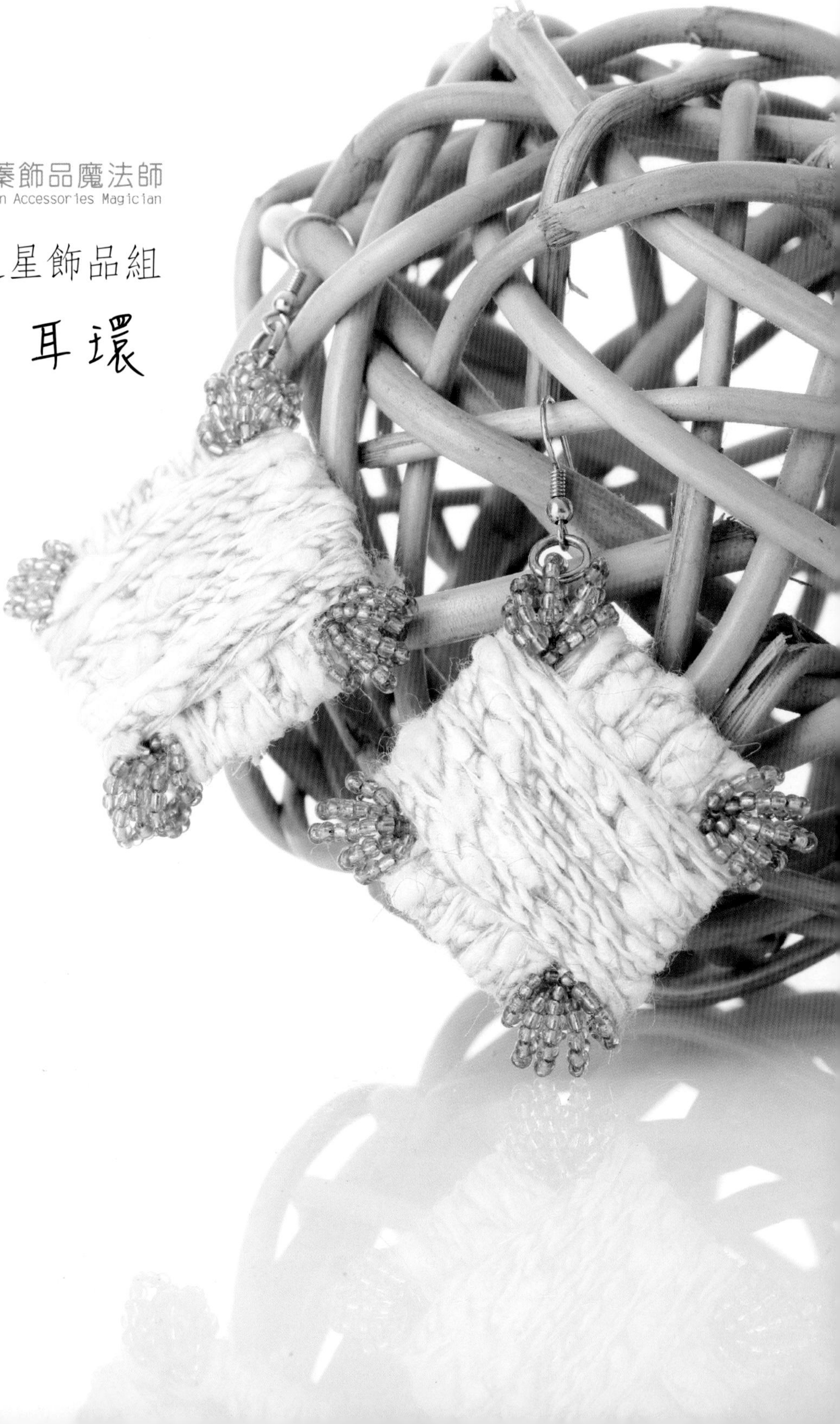

準備材料

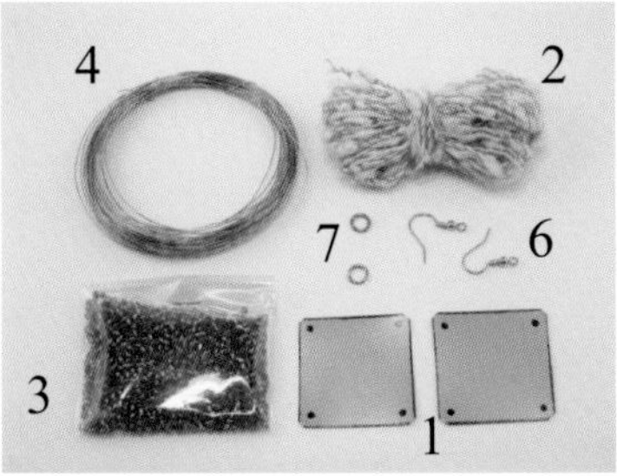

1. 正方形金屬片2個(3.5cm X 3.5cm)參考基本功之「方形金屬片」
2. 水藍色毛線數量
3. 12/0藍色玻璃珠數量
4. 0.4mm銅線4條(條約30cm)
5. 透明膠布
6. 耳環鉤1對
7. 8mm單圈2個

1. 如圖，銅線穿珠，每一孔穿5圈，珠數量隨意。

2. 把線頭鎖緊，剪餘 1.5cm，其它孔如是做法。

3. 線頭用膠布貼在金屬片上。

4. 緊密纏繞毛線。

5. 餘線再纏繞另一邊，打雙結，上透明膠水，剪去多餘線頭。

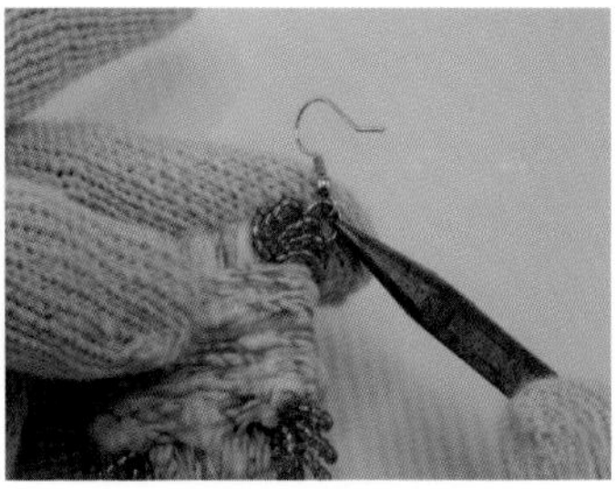

6. 用單圈裝上耳環鉤。

7. 完成圖

沂蓁心語

＊ 毛線可以在每邊纏繞雙層，看起來比較飽滿、立體。
＊ 最好剪去金屬片四個尖銳的角，一點點即可，以免弄傷。

蓁 沂蓁飾品魔法師
Yi Jen Accessories Magician

海洋之星飾品組
手環

準備材料

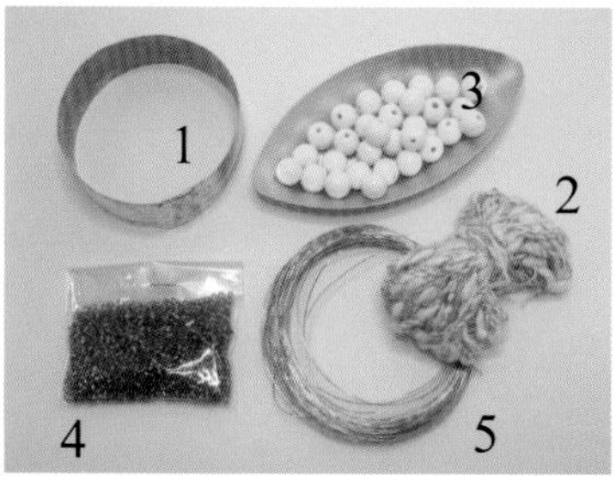

1. 金屬圈1個(3.5cm寬&直徑6.5cm)參考基本功之「基礎手環零件」
2. 水藍色毛線數量
3. 10mm白膠珠數量
4. 12/O藍色玻璃珠
5. 0.4mm銅線1條(約36cm)
6. 0.4mm銅線2條(約190cm)

1. 水藍色手環參考愛琴海飾品組手環步驟 1-4 作法。銅線(36cm)穿白膠珠，圍繞在金屬圈外(大約少一粒珠)，兩端線簡單鎖住。

2. 另一條銅線(190cm)將白膠珠綁在金屬圈上(參考時尚冶艷飾品組步驟 2-8)。

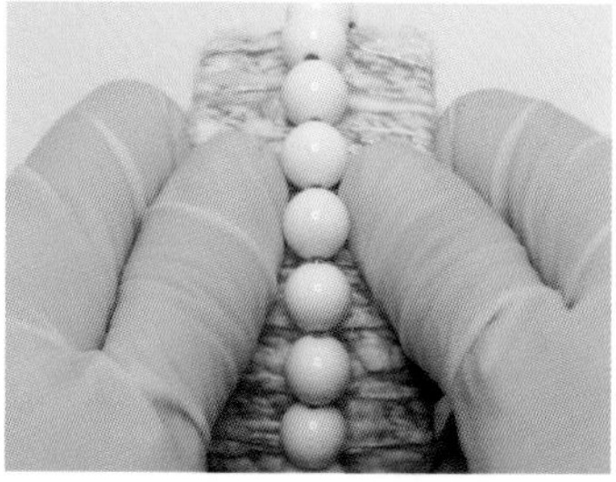

3. 用手指將兩邊銅線向下壓緊。

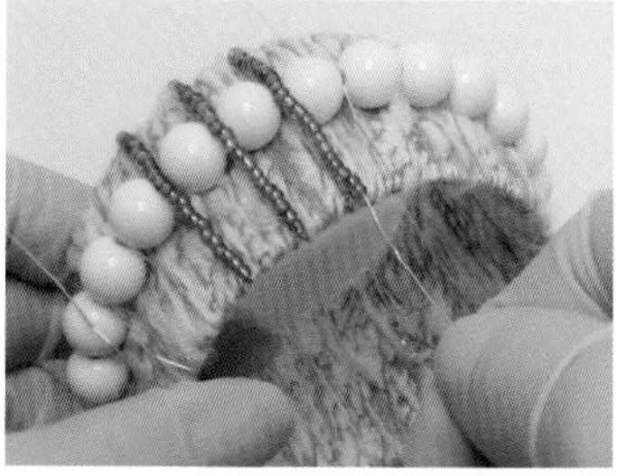

4. 用另一條銅線(190cm)穿珠覆蓋第一條銅線。

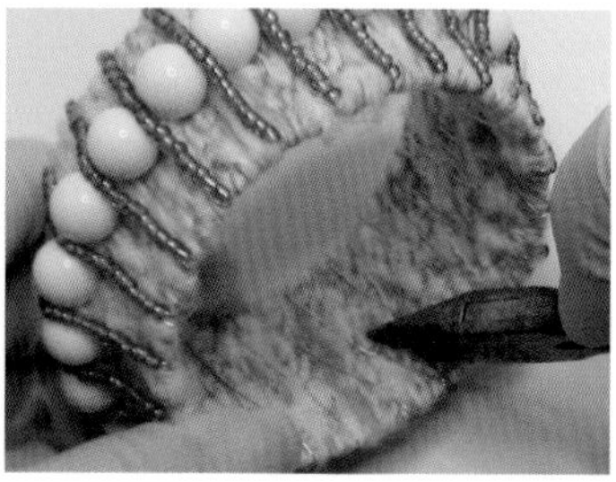

5. 鎖緊兩端線，剪線，藏好線(壓入毛線裏)。

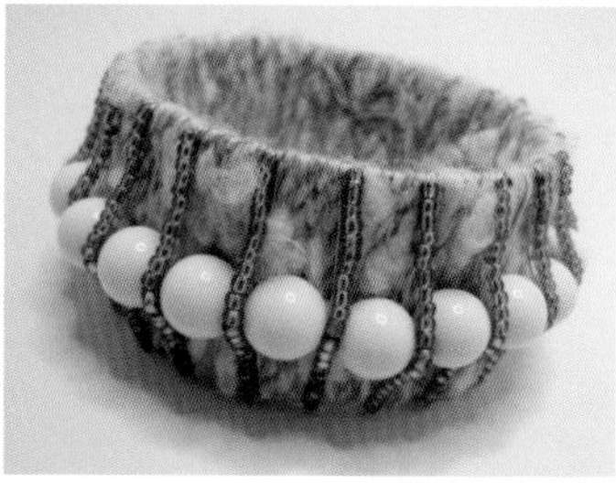

6. 完成圖

沂蓁心語

＊ 藏好銅線接頭，除了不外露外，也要不會刮到手才行，最好壓入毛線裏，再上點膠水固定。
＊ 先量好自己的手腕尺寸，才決定手環直徑。

沂蓁飾品魔法師
Yi Jen Accessories Magician

海洋之星飾品組

腰帶

準備材料

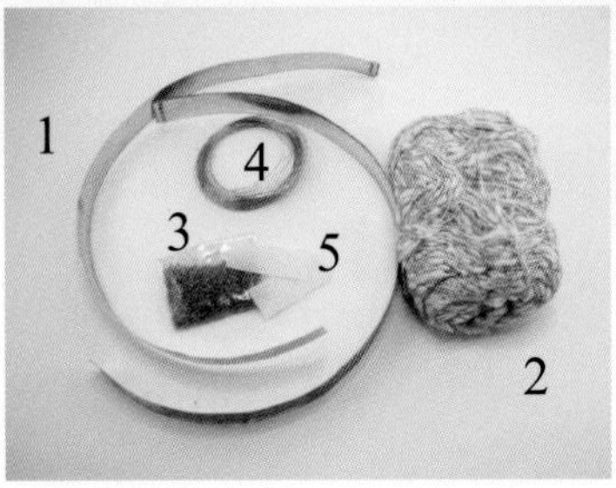

1. 金屬片2片(1.5cmX48.5cm)參考基本功之「基礎手環零件」
2. 水藍色毛線數量
3. 12/O藍色玻璃珠數量
4. 0.4mm銅線3條(每條約160cm)
5. 魔術貼1對(少於1.5cm寬X4cm長)

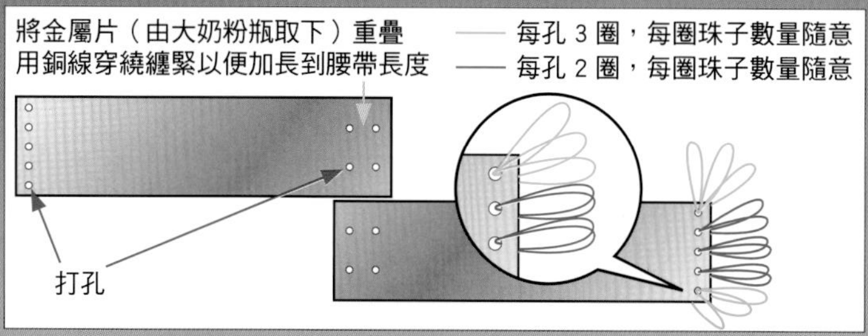
將金屬片（由大奶粉瓶取下）重疊
用銅線穿繞纏緊以便加長到腰帶長度
每孔 3 圈，每圈珠子數量隨意
每孔 2 圈，每圈珠子數量隨意
打孔

1. 如圖 ，打大洞，並將兩金屬片用銅線綁緊。

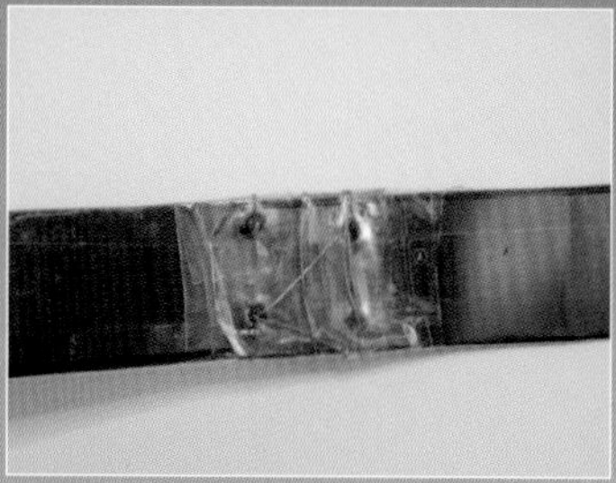

2. 用透明膠布纏繞交接處，做保護。

3. 銅線依圖 1 穿珠，鎖線，用膠布固定線頭。

4. 開頭和結尾處用熱溶槍固定毛線再緊密纏繞。

5. 兩端用熱溶槍各貼上魔術貼。

6. 完成圖

沂蓁心語

* 設計腰帶要先量好自己的腰圍，決定寬度，再裁剪金屬片，不夠長，可以加多一片金屬片。
* 別忘了，在整條金屬片上貼膠布，以免刮傷自己哦！
* 長金屬片取自大奶粉瓶身，接上兩條應該夠長了。

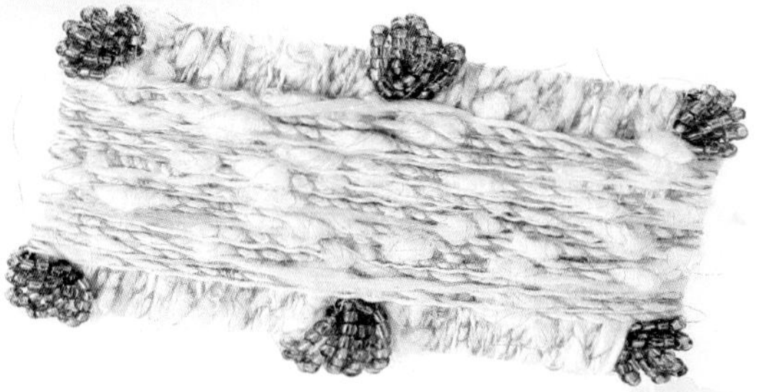

蓁 沂蓁飾品魔法師
Yi Jen Accessories Magician

海洋之星飾品組

腰帶扣、胸針

準備材料

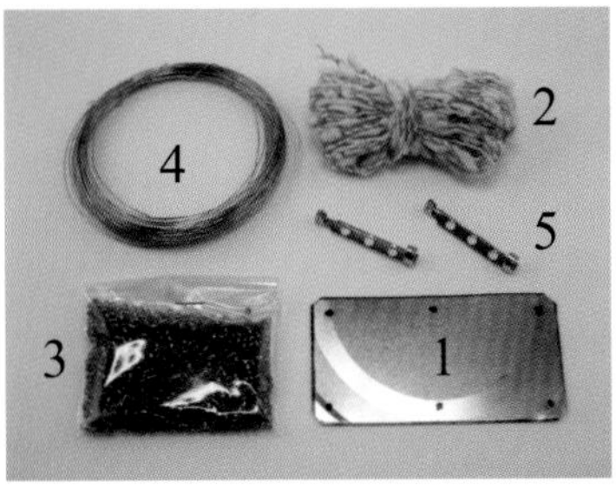

1. 長方形金屬片1片(4.5cmX8.5cm)參考基本功之「方形金屬片」
2. 水藍色毛線數量
3. 12/O水藍色玻璃珠數量
4. 0.4mm銅線6條(每條約60cm)
5. 別針2支(3.5cm長)

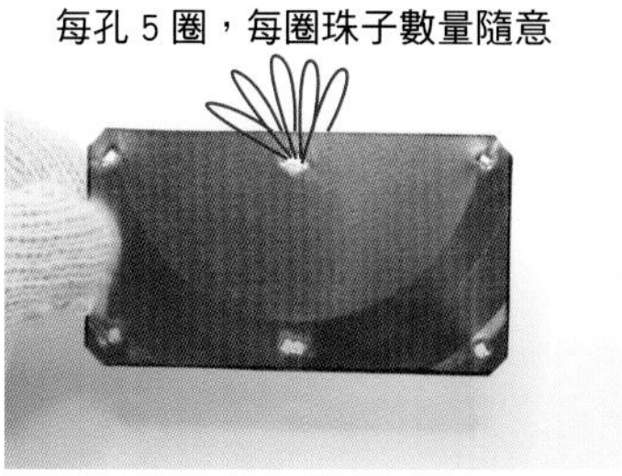

2. 如圖，打洞，先固定別針（見圖2），再用銅線穿珠。

1. 熱溶槍固定別針。

3. 銅線依圖穿珠（參考海洋之星飾品組耳環），線頭用膠布固定。

4. 毛線緊密纏繞一層（開頭和結尾處用熱溶槍固定）。

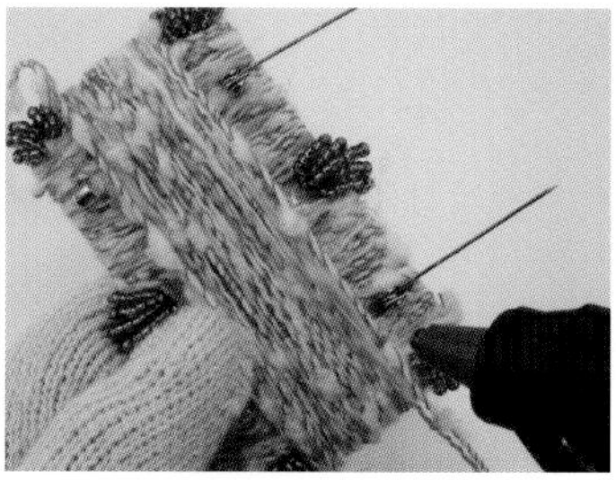

5. 橫向如是做法，繞一層。

6. 扣在腰帶上使用。

7. 完成圖

7. 扣在腰帶上之完成圖

沂蓁心語

* 雖然是個腰帶扣，也可以當胸針，或是扣在其他合襯的腰帶上做變化，是個多用途的飾品。
* 步驟 4 與 5，毛線只要纏一層即可，太厚不容易扣在腰帶上。
* 別忘了減去一點點尖角，以免弄傷自己。

沂蓁飾品魔法師
Yi Jen Accessories Magician

海洋之星飾品組

髮夾

準備材料

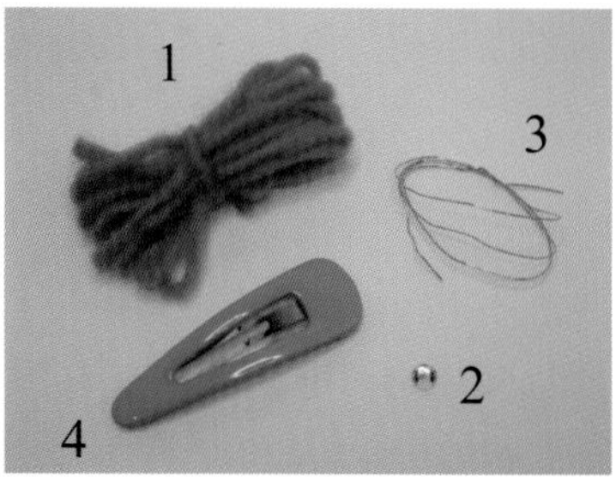

1. 藍色毛線數量
2. 直徑5mm壓克力鑽1個
3. 0.4mm銅線1條(約10cm)
4. 髮夾1支

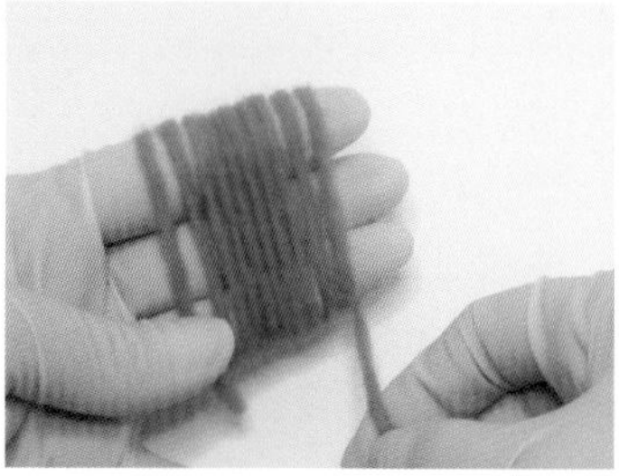

1. 用三隻手指（可用卡紙代替手指）繞數圈，取出。

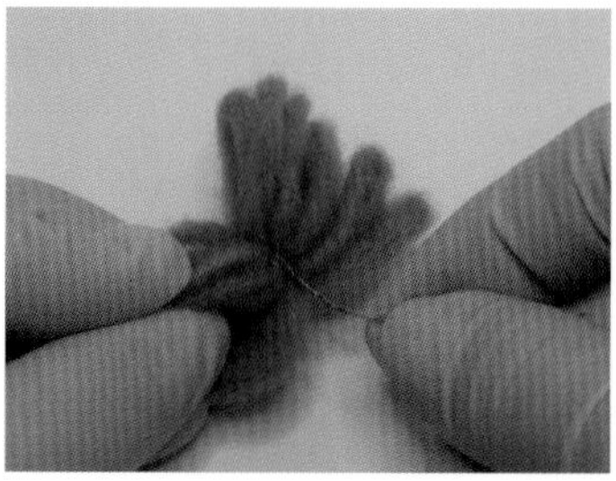

2. 銅線在中間綁緊固定。

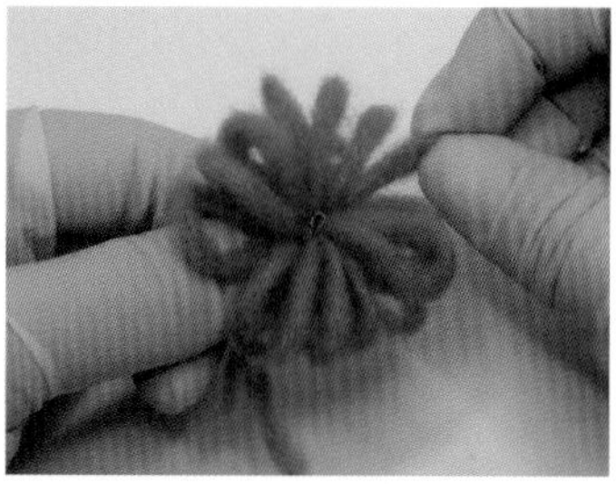

3. 散開毛線，剪去過長的線。

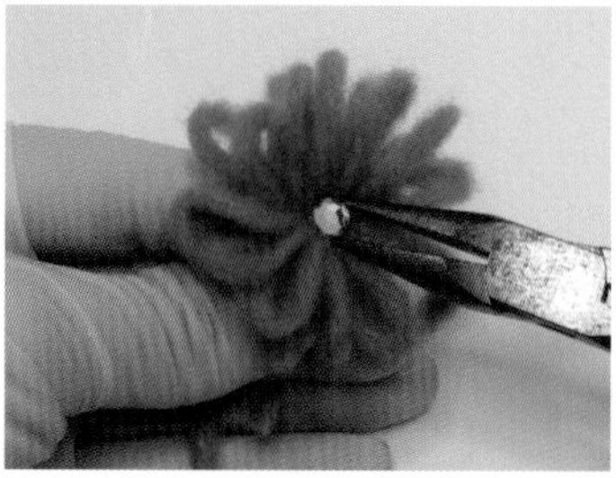

4. AB膠固定壓克力鑽在中間，剪去過長的線，再作多一個。

5. 用熱溶槍。

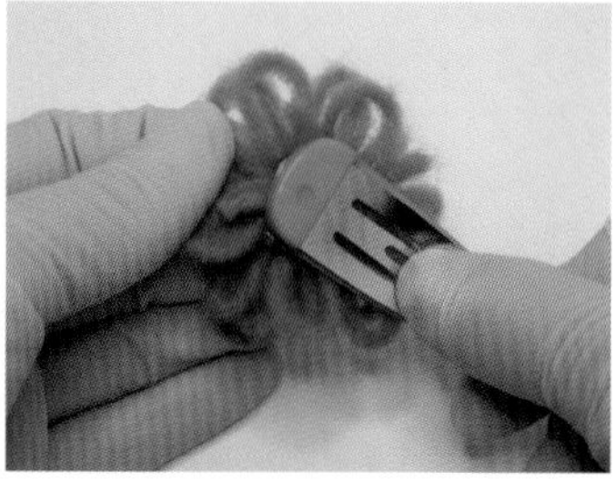

6. 固定髮夾。

7. 再固定另一朵。

8. 完成圖

沂蓁飾品魔法師
Yi Jen Accessories Magician

海洋之星飾品組

繽紛花戒

沂蓁心語

* 這是一只多麼令人喜愛的花戒。
* 有時很難預銅線的長度，因為材料變了，所需的長度也不一樣，所以最好預長些，免除接駁的麻煩。

準備材料

1. 有孔小圓台1個(直徑1.5cm)
2. 12/O藍色玻璃珠數量
3. 12/O紅色玻璃珠數量
4. 0.4mm銅線1條(約190cm)
5. 戒指台1個

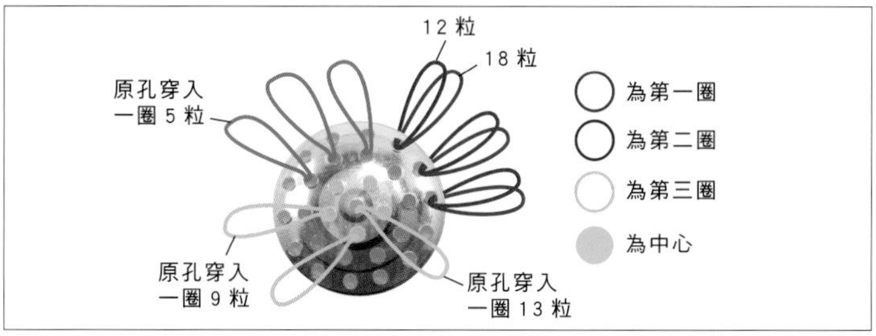

1. 圓台凸出那面向上，銅線穿珠，同一孔穿珠子一圈 12 粒，一圈 18 粒，完成外圈。

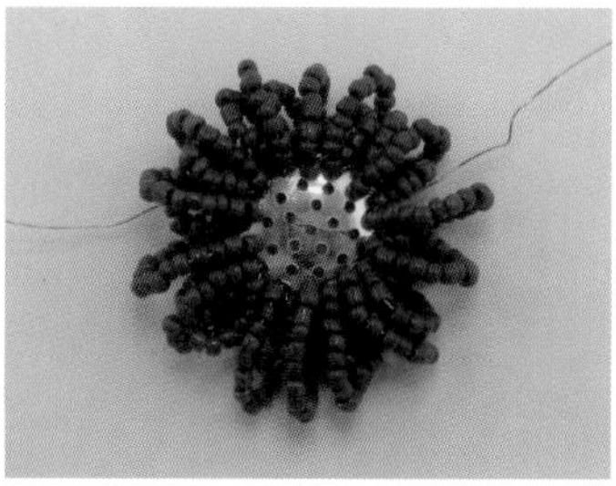

2. 第一圈完成圖。

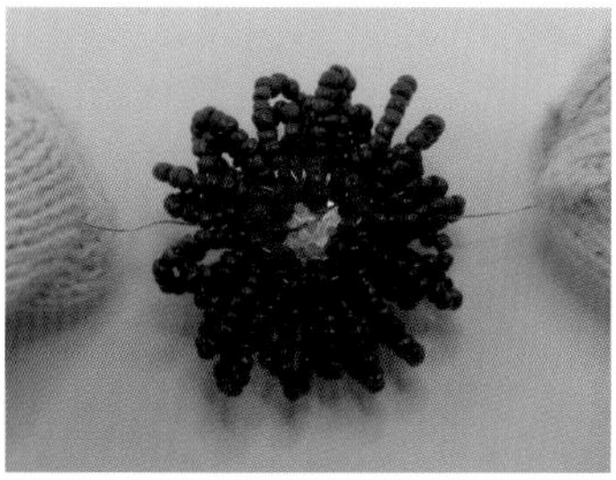

3. 第二圈，每圈 5 粒珠（紅色），原孔再穿入。

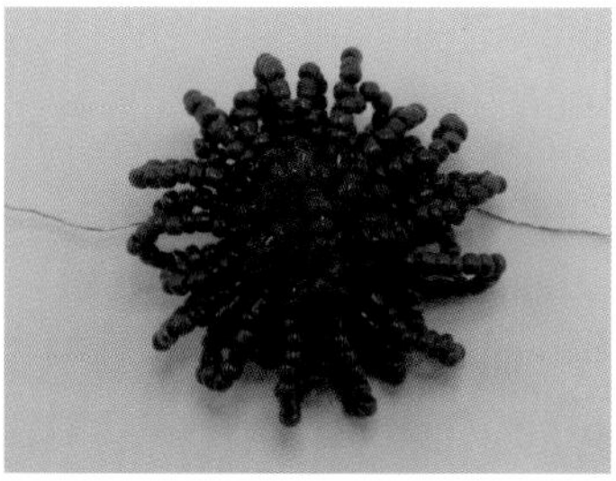

4. 第三圈，如第二圈做法，每圈 9 粒珠（紅色）。中心孔如是做法，只有一圈 13 粒珠（紅色）。

5. 餘線收好（參考夏日風情飾品組髮夾步驟 5)，熱溶槍固定戒指台（參考熱情聖誕飾品組戒指步驟 6)。

6. 擦上透明甲油。

7. 灑上亮片。

8. 完成圖

海洋之星飾品組

沂蓁飾品魔法師
Yi Jen Accessories Magician
海洋之星飾品組

第三章
時尚冶艷飾品組

黑與白對話、衝突而鮮明、對比卻協調，
我型我塑新規則，創造我的個性新品味。

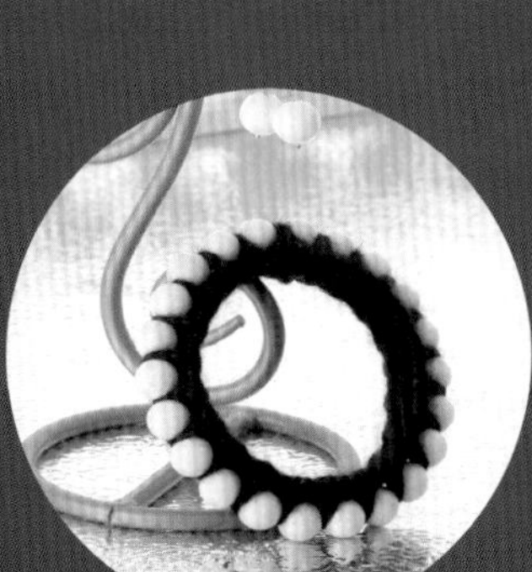
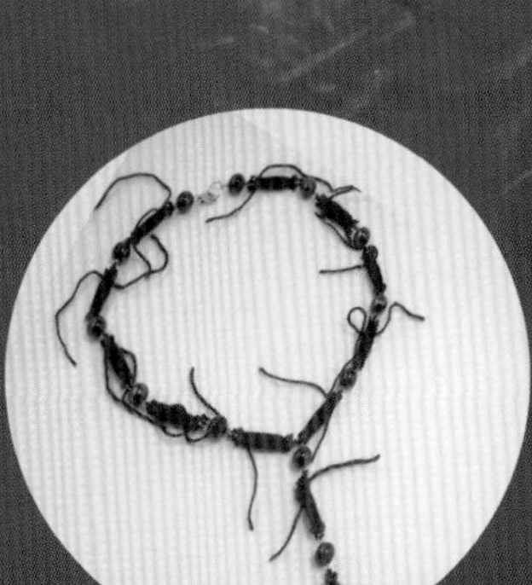

沂蓁飾品魔法師
Yi Jen Accessories Magician

沂蓁飾品魔法師
Yi Jen Accessories Magician

時尚冶艷飾品組

耳環

準備材料

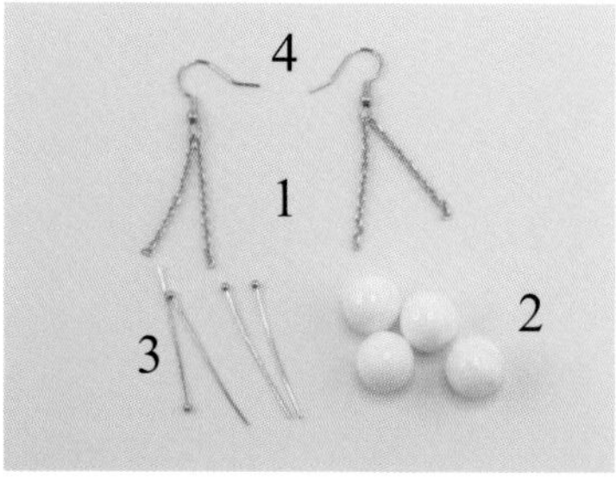

1. 12mm白色半寶石2個
2. 細鍊子4條(每條約2.5cm)
3. 珠針或T字針4支
4. 耳環鉤1對

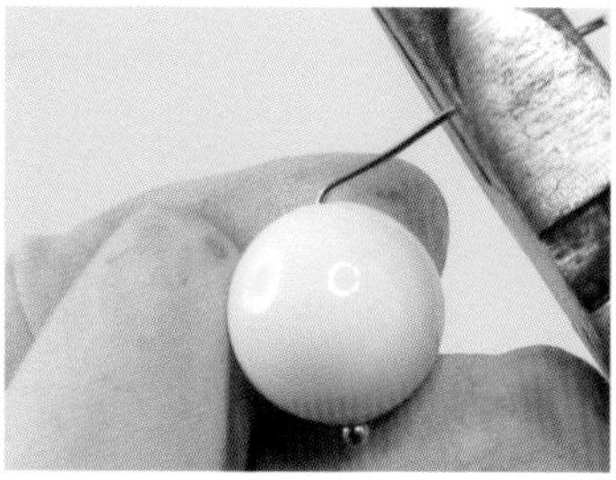

1. 如圖，珠針穿珠子，剪餘9mm。

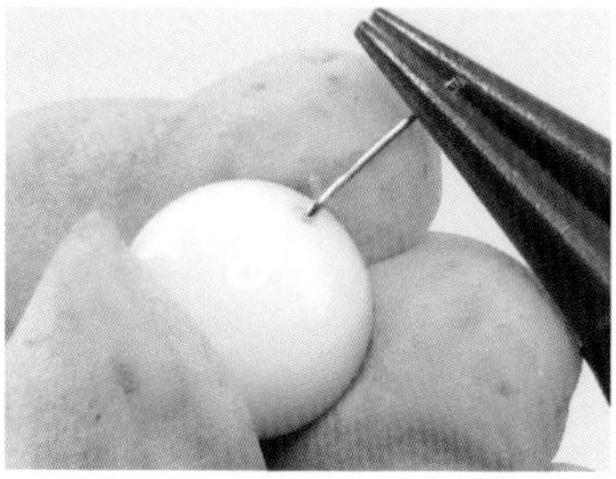

2. 圓頭鉗夾住尾端，向白珠的方向捲。

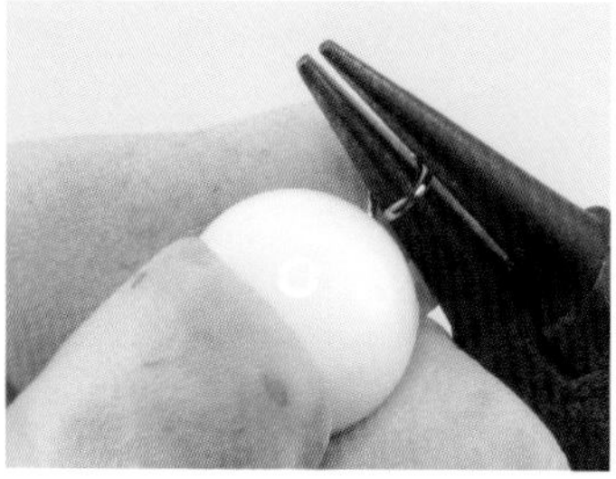

3. 捲成小圈，共做 8 個。

4. 用鉗子接上細鍊子。

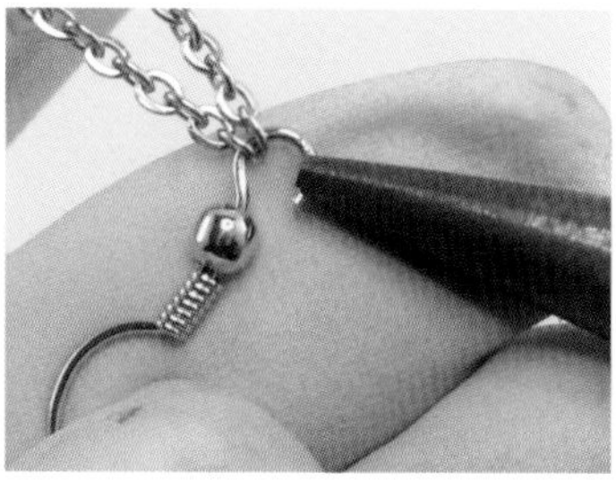

5. 兩條細鍊子接上耳環鉤。

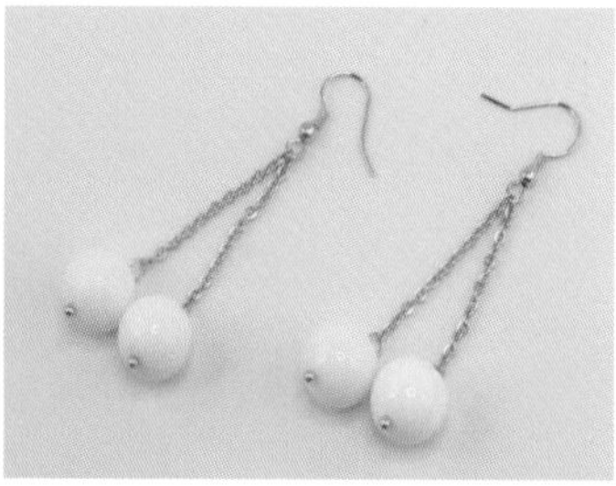

6. 完成圖

沂蓁心語

＊ 這是一個很簡單而且很基本的功夫，初學者必學。
＊ 就算用單珠也很可愛喔！馬上試試。
＊ 鍊子一定要細，不能太粗。

時尚冶艷飾品組

手環

準備材料

1. 黑色毛線數量
2. 12mm白膠珠或半寶石數量
3. 金屬圈1個(2cm寬&直徑6.5cm)
   參考基本功之「基礎手環零件」
4. 0.4mm銅線2條(約36cm & 100cm)

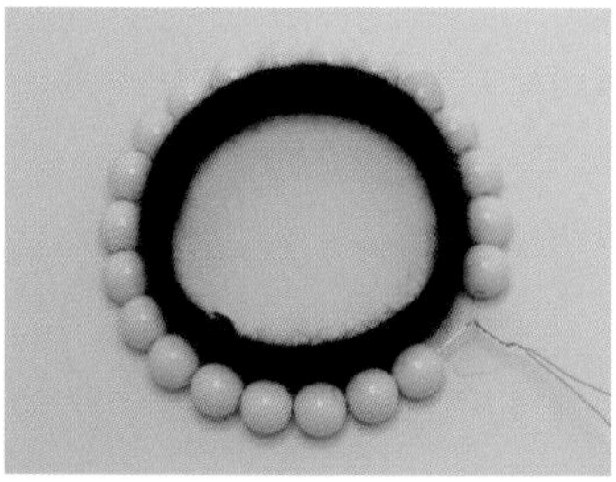

1. 銅線穿珠，圍繞在黑毛線金屬圈外（參考愛琴海飾品組手環步驟 1-4），大約少一粒珠，兩端簡單鎖住。

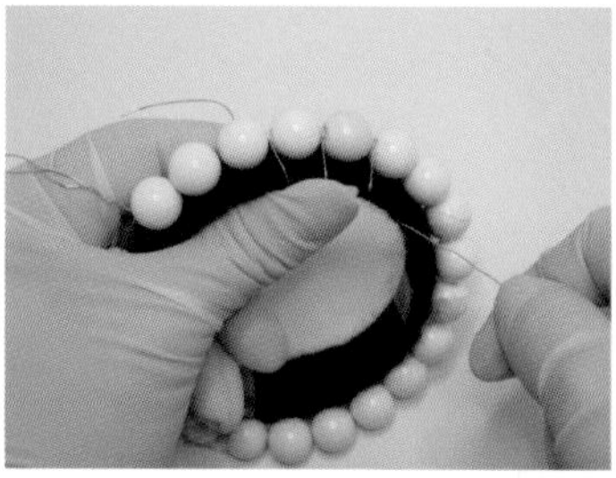

2. 用另一條銅線將珠圈綁在金屬圈上。

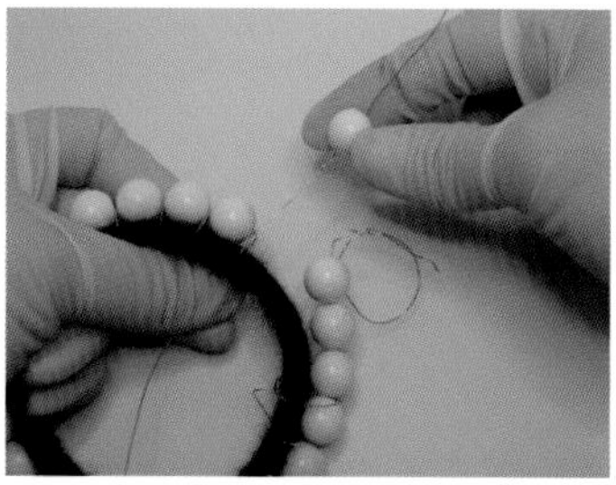

3. 近結尾，如果珠太少加一粒，太多減一粒。

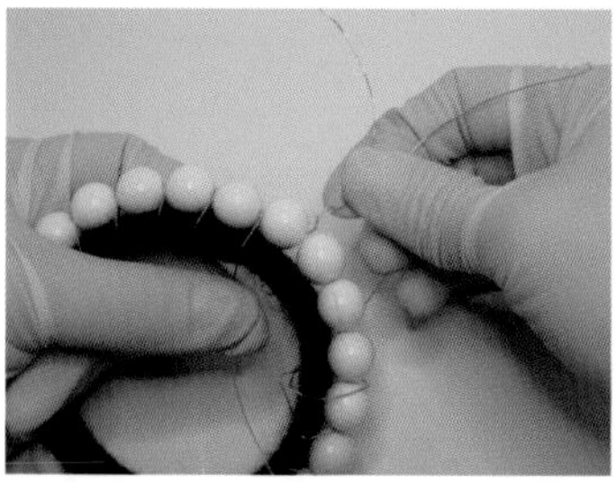

4. 再將兩端鎖好，並完成綑綁珠子。

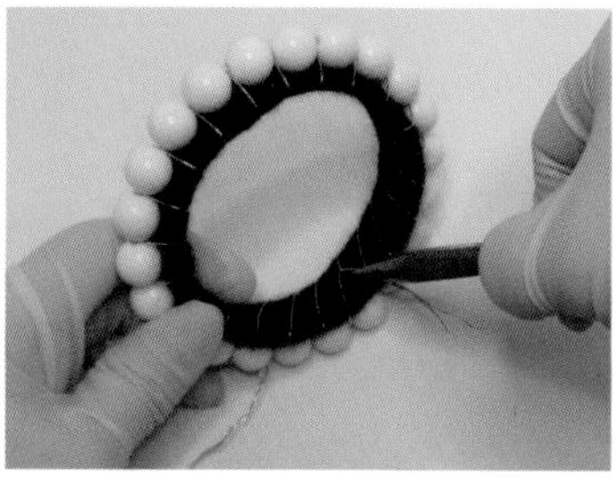

5. 將線頭扭緊。

6. 藏好線頭（壓入毛線裏）。

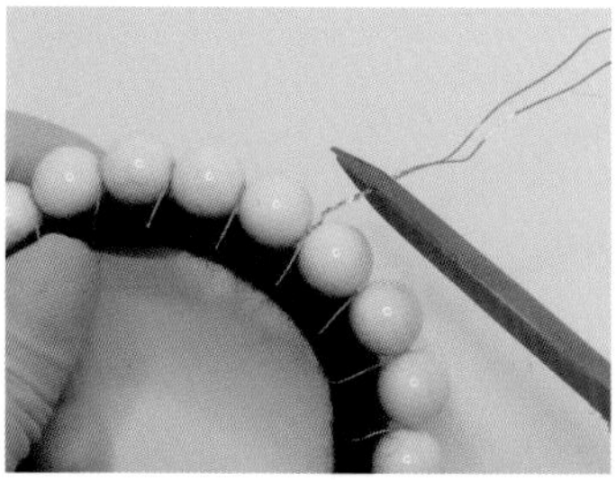

7. 剪去另一條多餘線頭。

8. 捲好線頭，藏好。

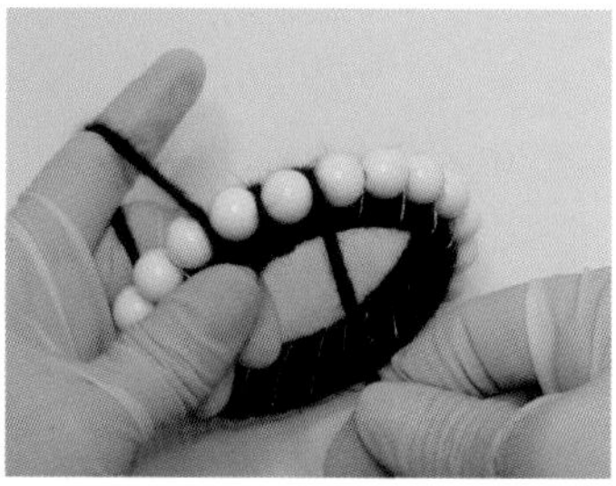

9. 用毛線覆蓋在銅線上。

10. 上透明膠水，剪去多餘線頭。

11. 完成圖

沂蓁心語

* 將珠圈綁在金屬圈上，期間盡量讓珠平均固定好。
* 做多一個相反色，即白線配黑珠，兩個手環帶在一起，更有變化。
* 不用的木製、膠製手環是金屬圈的最好替代品哦！

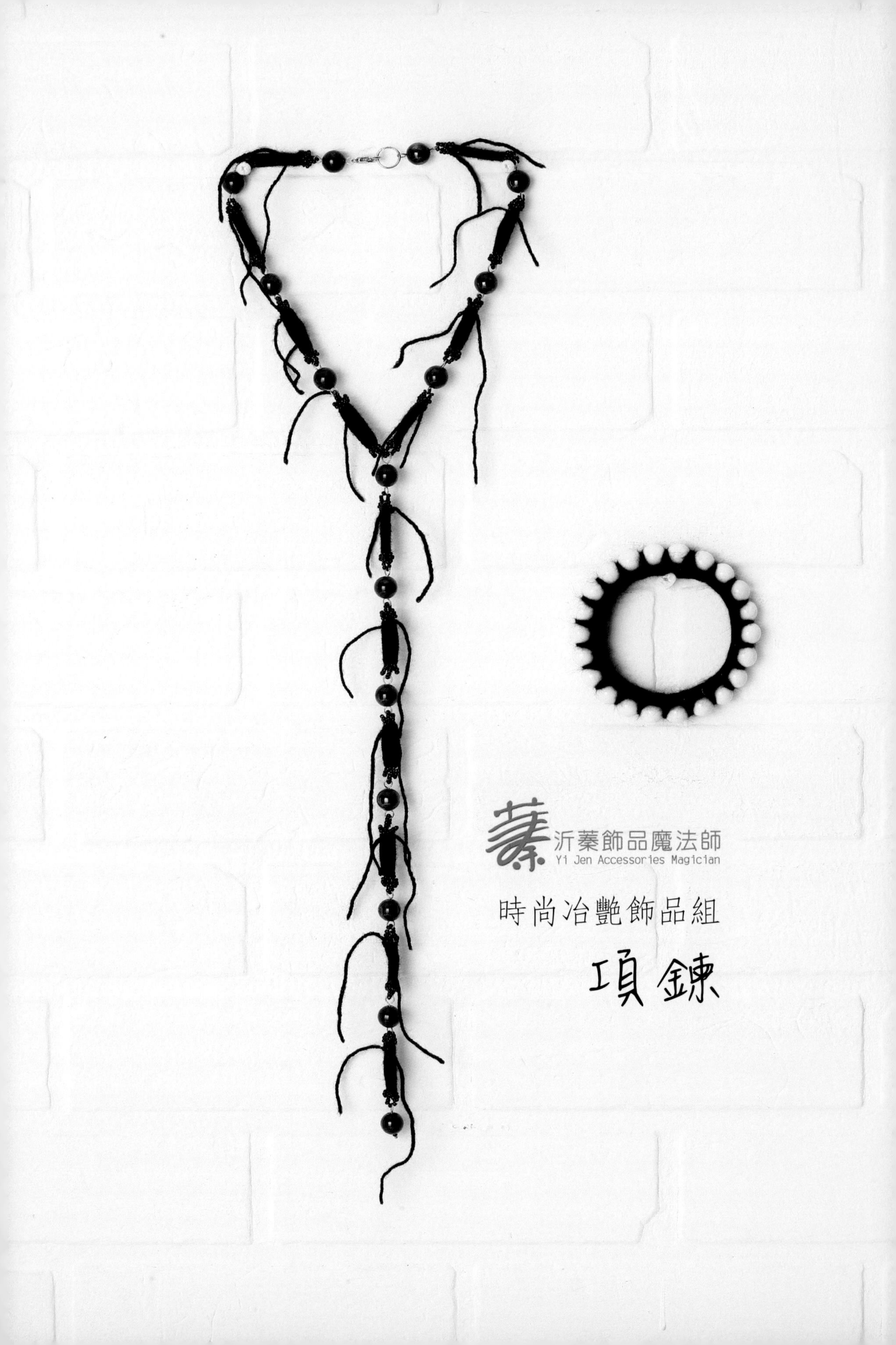
沂蓁飾品魔法師
Yi Jen Accessories Magician
時尚冶艷飾品組
項鍊

準備材料

1. 橢圓形金屬片14片(0.6cmX3cm)參考基本功之「圓形金屬片」
2. 黑色毛線數量
3. 12/O黑色玻璃珠數量
4. 12mm黑色半寶石15個
5. 9字針15支
6. T字或珠針1支
7. 0.4mm銅線30條(每條約30cm)
8. 12mm單圈1個
9. 問號形開關扣1個

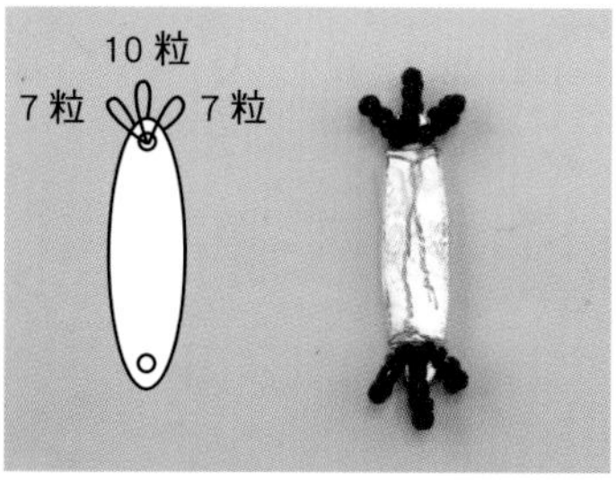

1. 如圖，在金屬片上打洞，穿好珠子(參考海洋之星飾品組耳環)。

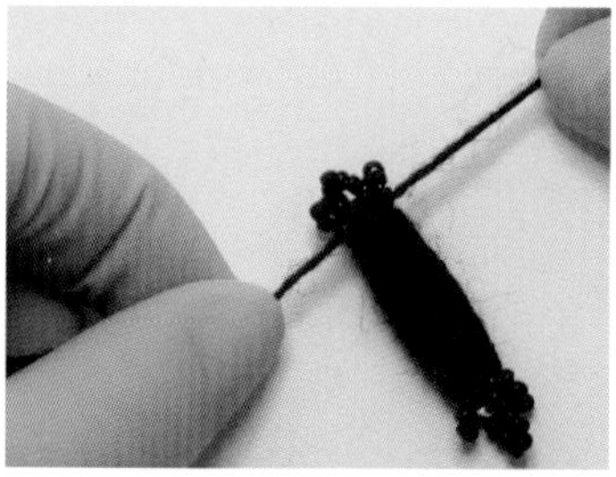

2. 毛線緊密纏繞兩層，打結，上普通膠水，做14個。

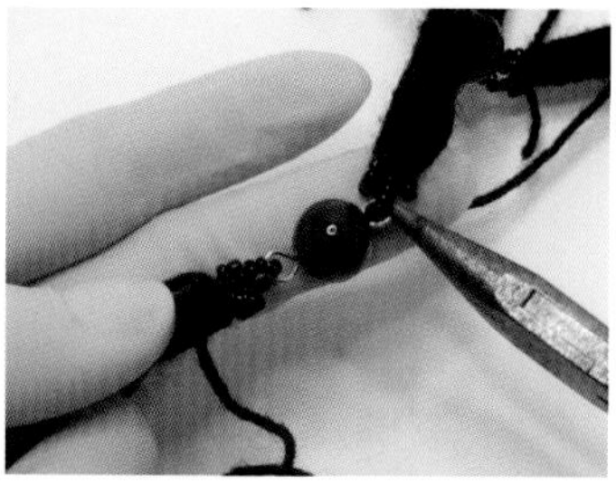

3. 銅線穿黑色半寶石做14個(參考時尚冶艷飾品組耳環步驟1-3，注意捲大圈)，再連接項鍊。

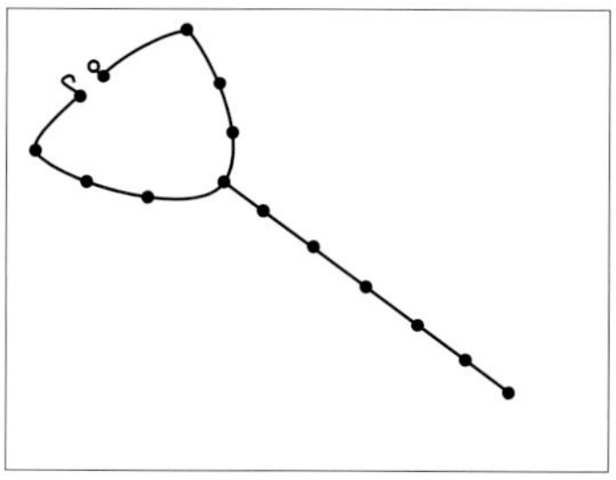

4. 如圖，將所有的半成品連接起來。

5. 珠針穿1粒玻璃珠、1粒黑色半寶石接在項鍊尾端。

6. 另兩端接上單圈和開關扣。

7. 完成圖

沂蓁心語

＊ 一條很出色又優雅的動感黑項鍊，很容易搭配你衣櫃裏的衣服，不信試試看。
＊ 垂下的毛線可以修剪到你喜歡的長度，也可以全剪掉喔！
＊ 沒時間裁出金屬片？可以用長型珠替代哦！

時尚

CHRISTMAS

第四章
熱情聖誕飾品組

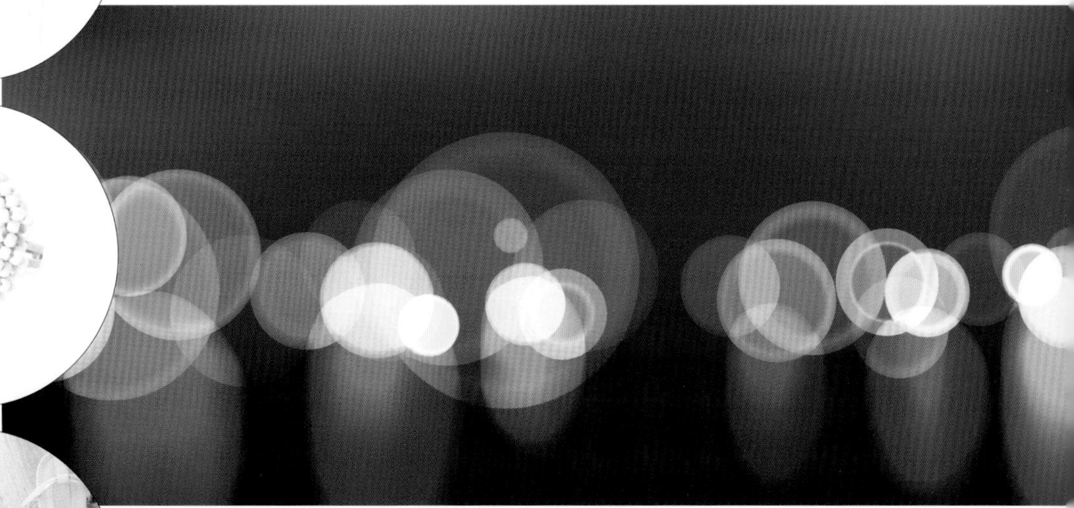

叮叮噹、叮叮噹，響亮的鈴聲串起聖誕夜組曲，
美好的夜晚、寄予美麗的「新飾界」！

沂蓁飾品魔法師
Yi Jen Accessories Magician

熱情聖誕飾品組

耳環

準備材料

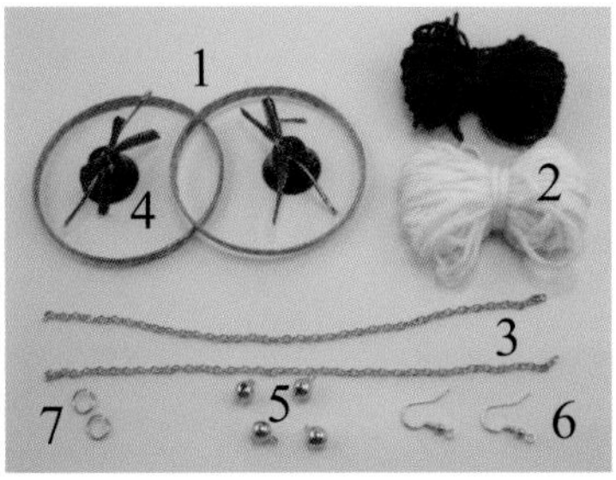

1. 金屬圈2個(直徑6.5cm)參照基本功之「取出金屬圈&纏保護膠布」
2. 紅&白色毛線各數量
3. 細鍊子2條(約17cm)
4. 紅色小聖誕鐘2個
5. 銀色叮噹4個
6. 耳環鉤1對
7. 8mm單圈2個

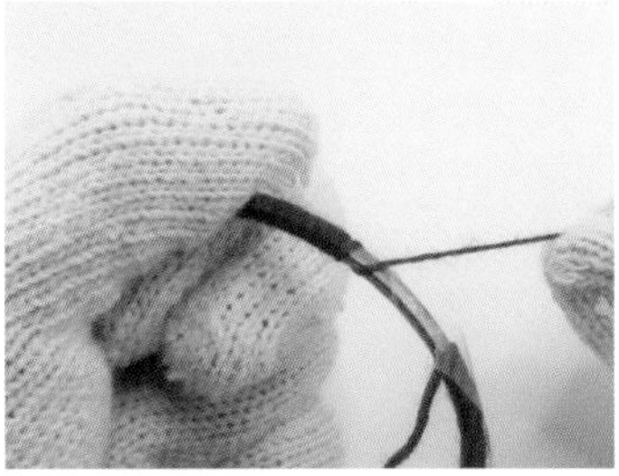

1. 金屬圈用紅毛線緊密纏繞。

2. 打雙結上透明膠水，剪去多餘線頭。

3. 白色毛線平均繞在圈上，打雙結，上膠，剪去多餘線頭。

4. 打開細鍊兩端最後一個圈，裝上叮噹再關上。

5. 用單圈依序將細鍊子、聖誕鐘和耳環鉤在紅圈上。

6. 完成圖

沂蓁心語

＊ 紅 & 白色毛線最好打結在同一處。
＊ 吊鐘最好裝在打結的線頭，有遮蓋作用。
＊ 細鍊一邊長，一邊短，才好看。
＊ 找不到合適的紅色小聖誕鐘，就用其它小巧的聖誕飾物替代，聖誕節前夕在書店可找到。
＊ 留意一些圈圈的東西，都可能是金屬圈的替代品哦！

蓁 沂蓁飾品魔法師
Yi Jen Accessories Magician

熱情聖誕飾品組

耶誕戒

準備材料

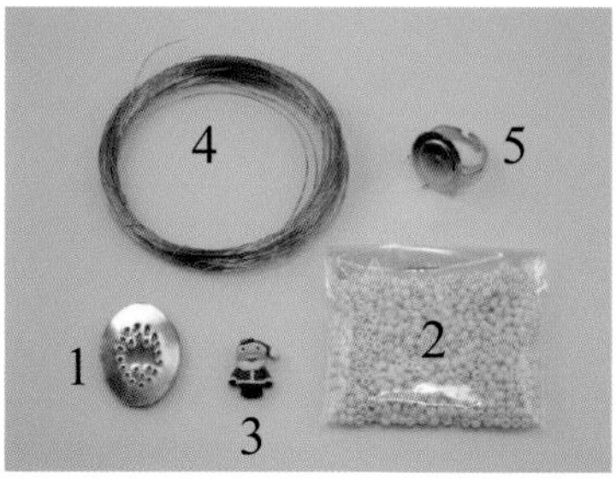

1. 橢圓形金屬片1個(3cm X 2.2cm)參考基本功之「圓形金屬片」
2. 8/O白色玻璃珠數量
3. 小聖誕老人1個
4. 銅線1條(約130cm)
5. 戒台1隻

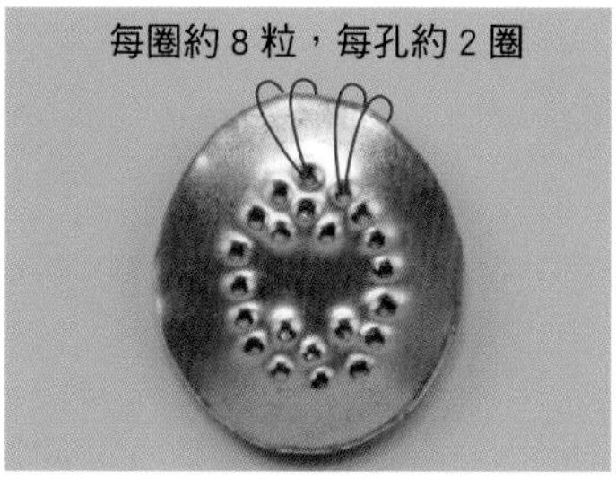

1. 如圖，金屬片打洞，銅線穿珠，每圈 8 粒，每孔約 2 圈，只要每圈高低有致的覆蓋金屬片即可。

2. 完成外圍。

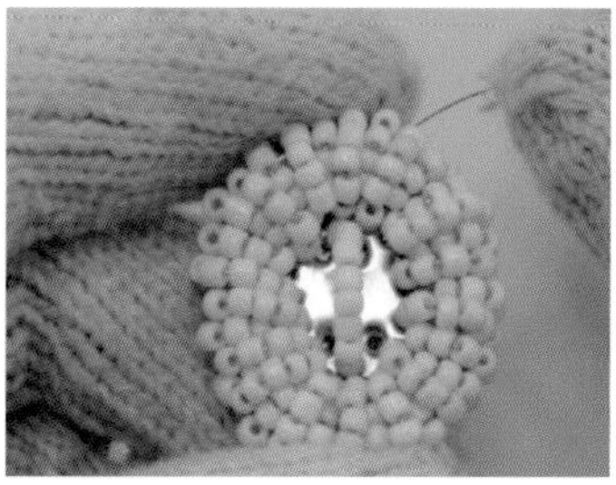

3. 依圖，穿滿中間的部份，鎖線固定

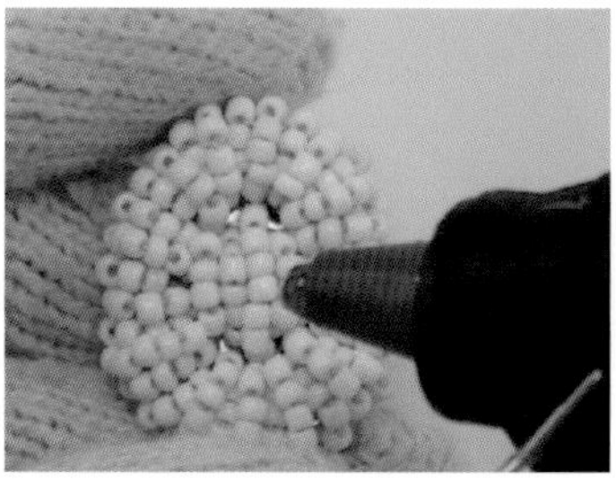

4. 用熱溶槍。

5. 固定聖誕老人。

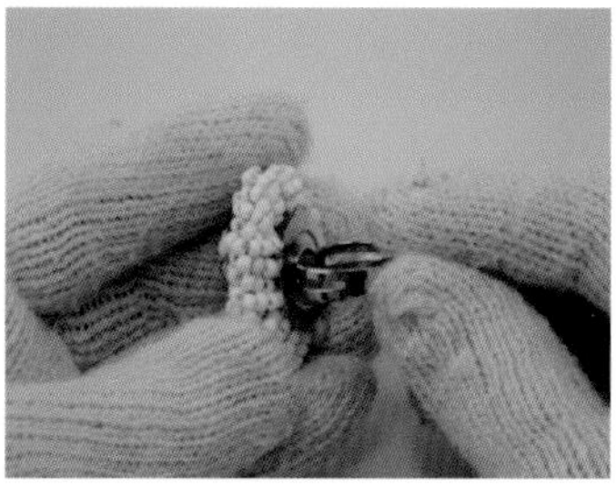

6. 熱溶槍固定戒指台。

7. 完成圖

沂蓁心語

* 每個孔需穿多少圈，有時視乎能不能均勻蓋住金屬片，太鬆加 1 圈，太擠減 1 圈，但一定要有均衡感。
* 中間隨意穿滿珠子，盡量弄平整，以便黏貼主題，有喜歡的公仔都可以成為這只戒指的焦點或主題哦！
* 不想麻煩裁出金屬片？也可以用圓台替代哦！

沂蓁飾品魔法師
Yi Jen Accessories Magician

熱情聖誕飾品組
髮箍＆鞋飾

準備材料

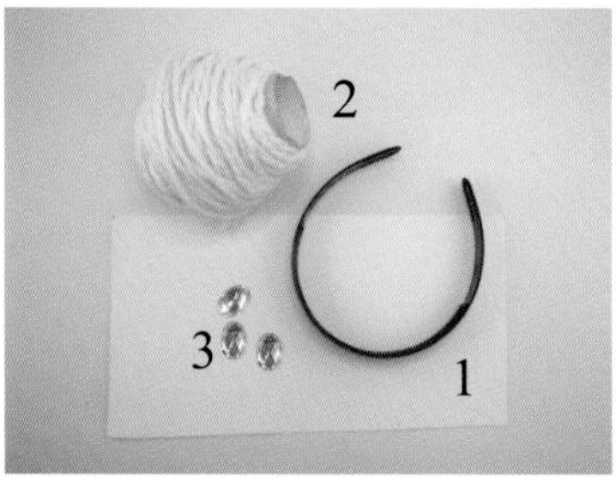

1. 髮箍1個
2. 米白色毛線數量
3. 橢圓形壓克力鑽3個

1. 毛線緊密纏繞髮箍（參考紫色浪漫飾品組髮箍步驟1-4）

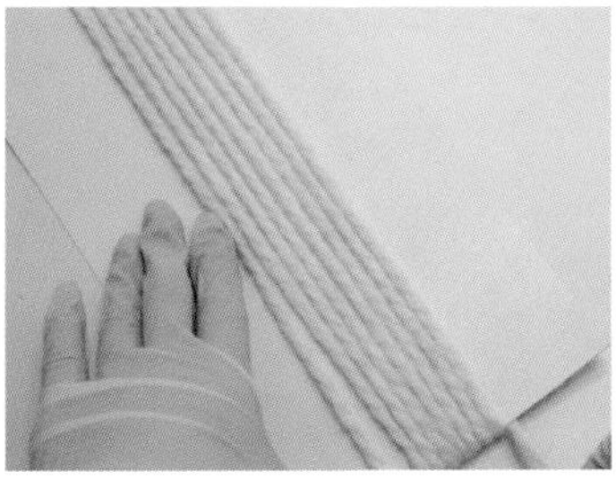

2. 用卡紙（約 30cm）繞數圈。

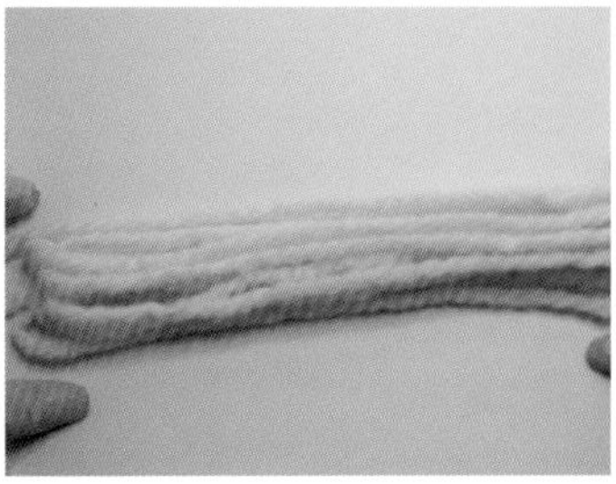

3. 取出。

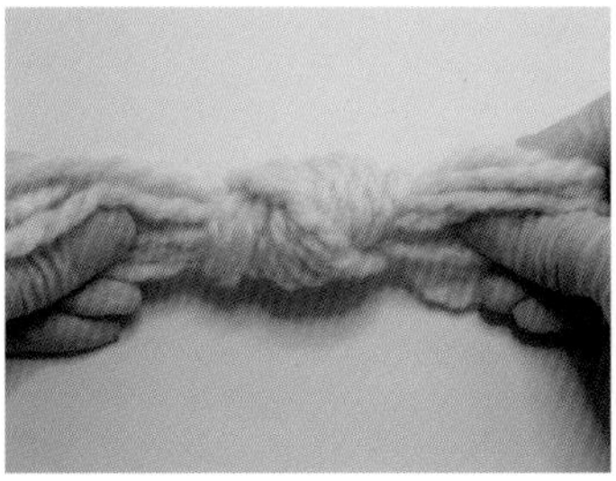

4. 平均打一個結，拉緊。

5. 剪齊（長度自定）。

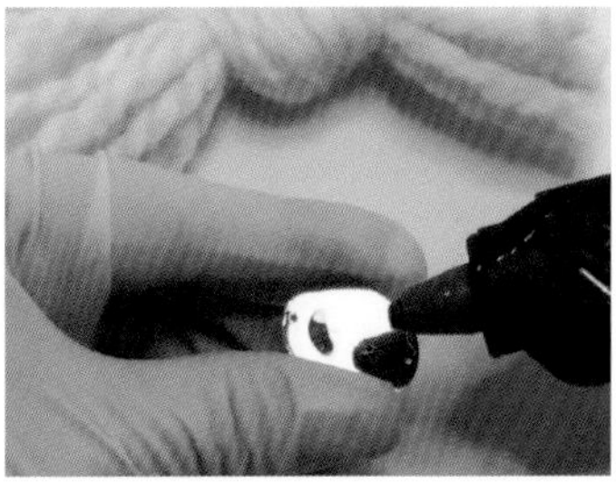

6. 熱溶槍固定壓克力鑽在中間。

7. 用毛線綁緊在髮箍上即可，上膠水固定，剪去餘線。

8. 做多兩個蝴蝶結，用熱溶槍固定在鞋上。

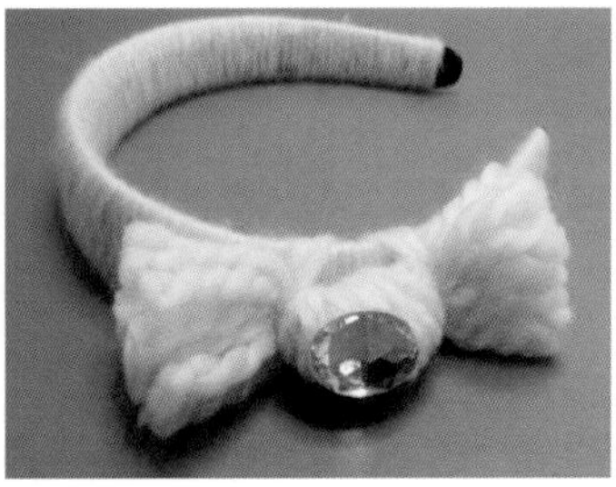

9. 完成圖

10. 完成圖

沂蓁心語

＊ 要選擇粗毛線，做出來的效果才會挺。
＊ 做兩個毛線蝴蝶結，固定在鞋上，使舊鞋煥然一新，讓人眼前一亮呢！

沂蓁飾品魔法師
Yi Jen Accessories Magician

熱情聖誕飾品組

甜美
FASHION & SWEETY

第五章
浪漫淑女飾品組

當白鴿起飛時，輕快音樂聲響起，你那帥帥模樣映入我的腦海，嵌進我白色的飾品裡。固定在鞋上，使舊鞋煥然一新，讓人眼前一亮呢！

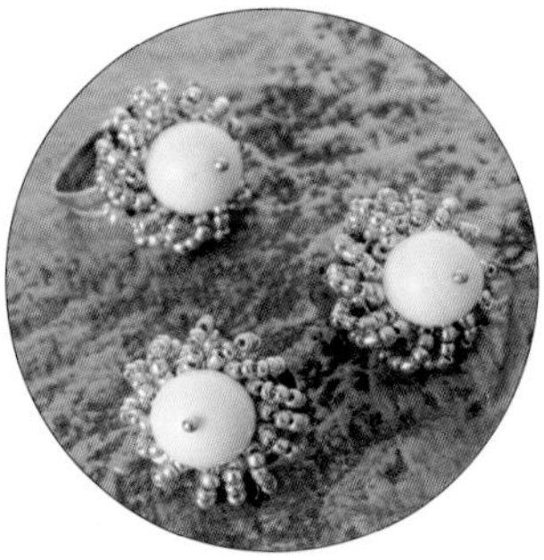

迷人

沂蓁飾品魔法師
Yi Jen Accessories Magician

浪漫淑女飾品組

胸針、髮飾

準備材料

1. 紅毛線數量
2. 直徑5mm壓克力鑽5個
3. 別針1隻
4. 卡紙(15cm寬)
5. AB膠

1. 毛線繞卡紙數圈，取出。

2. 用毛線在中間緊緊纏繞 3cm，打雙結，上少許透明膠水固定。

3. AB 膠固定壓克力鑽。

4. 熱溶槍固定別針。

5. 完成圖

沂蓁心語

＊ 拿來當女生的 BALL TIE，別有一股帥氣。
＊ 如果要做男生 BALL TIE，選擇較陽剛的色彩和質感吧！

蓁 沂蓁飾品魔法師
Yi Jen Accessories Magician
浪漫淑女飾品組

耳環、戒指套裝

準備材料

1. 有孔小圓台3個(直徑1.5cm)
2. 12/O銀色玻璃珠數量
3. 12mm白色半寶石3粒
4. 0.4mm銅線3條(每條約120cm)
5. 珠針3支
6. 戒指台1個
7. 圓形金屬片3片(直徑1.5cm)參照基本功之「圓形金屬片」
8. 耳夾 1對

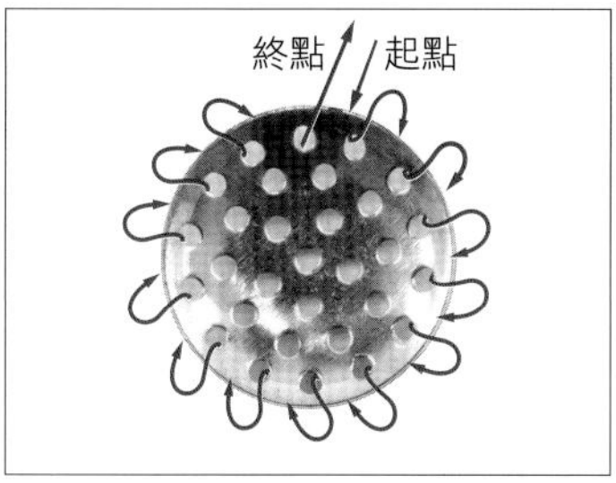

1. 圓台凹入面向上，銅線穿珠，每圈約 9 粒，完成外圈。

2. 如圖(參考傳情勵志書籤 1-2)，完成外圈。

3. 把線頭穿到背面(凸出那邊)，鎖緊，藏線。

4. 珠針穿上白色半寶石，穿入圓台中心孔，捲小圈，壓平在圓台上，做 3 個。

5. 用熱溶槍固定戒指台。

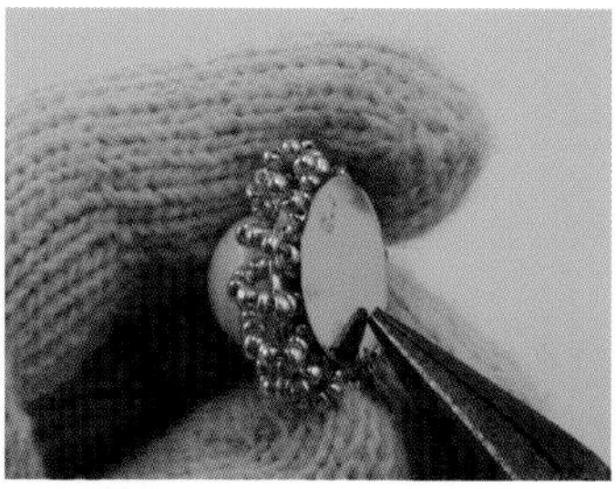

6. 另外兩個，熱溶槍黏上金屬片。

7. 熱溶槍再黏上耳夾。

8. 完成圖

沂蓁心語

* 套裝的耳環和戒指穿戴起來，更有整體感。
* 一只精緻的戒指，必定令你舉手投足之間，更有美感。
* 不管圓台尺寸多大，中心的珠子一定要剛好填滿中間的部位。
* 切記每穿一圈，都要拉緊。

第六章
紫色浪漫飾品組

透亮如紫水晶、綿密似雪紡紗，喜歡紫色沒有別的理由，因為女人，妳就是喜歡呀！

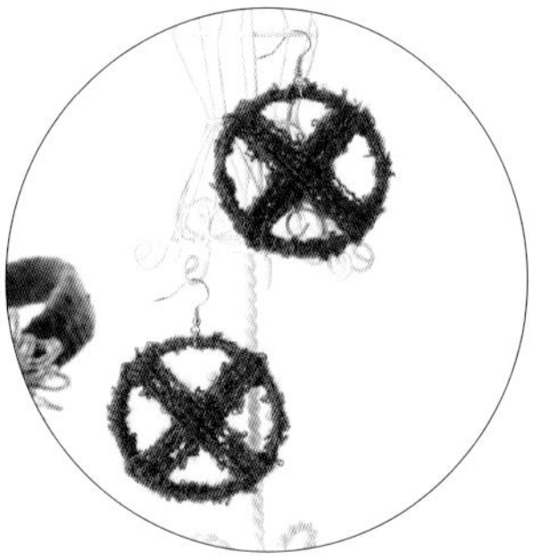

亮麗

沂蓁飾品魔法師
Yi Jen Accessories Magician

紫色浪漫飾品組

耳環

準備材料

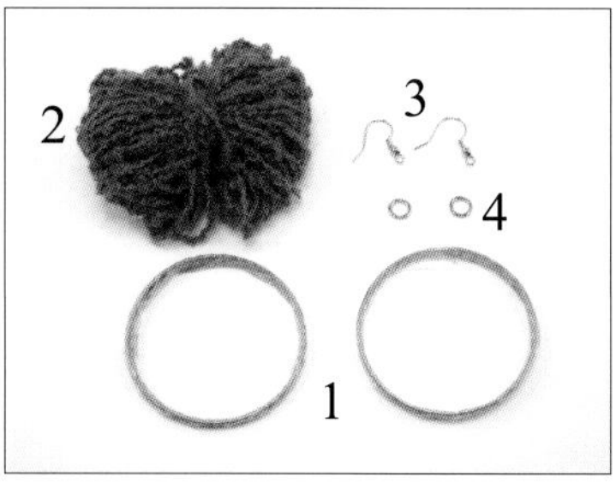

1. 金屬圈2個(直徑5.5cm)
   參照基本功之「取出金屬圈&纏保護膠布」
2. 紫色毛線數量
3. 耳環鉤1對
4. 8mm單圈2個

1. 紫圈參照熱情聖誕飾品組耳環 1-2 的做法。

2. 將餘下的毛線平均在直徑上繞幾圈。

3. 打雙結，上膠，剪去多餘線頭。

4. 用另一條毛線再繞幾圈，形成十字，打雙結，上透明膠水，剪去多餘線頭。

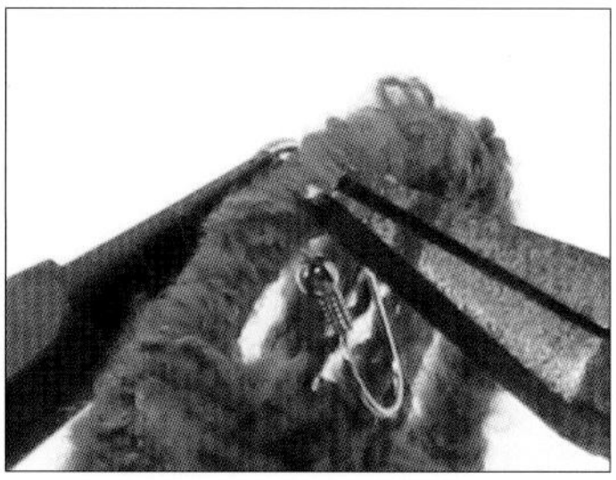

5. 用單圈裝上耳環鉤在紫圈上。

6. 完成圖

沂蓁心語

＊ 每種顏色的毛線各買一個也要花不少錢，向親友要些他們不用的毛線或從舊毛衣上拆下一些也夠用，這些都是免費的，要不然到毛線店要一些剩餘的毛線，即省錢又環保。

＊ 市面上有很多圈圈的東西，都可以作金屬圈的代替品哦！

紫色浪漫飾品組

髮箍

準備材料

1. 圓形金屬片1片(直徑2.3cm)參考基本功之「圓形金屬片」
2. 6/O紫色玻璃珠數量
3. 0.4mm銅線1條(約190cm)
4. 紫色貝殼1個
5. 紫色毛線數量
6. 髮箍1個

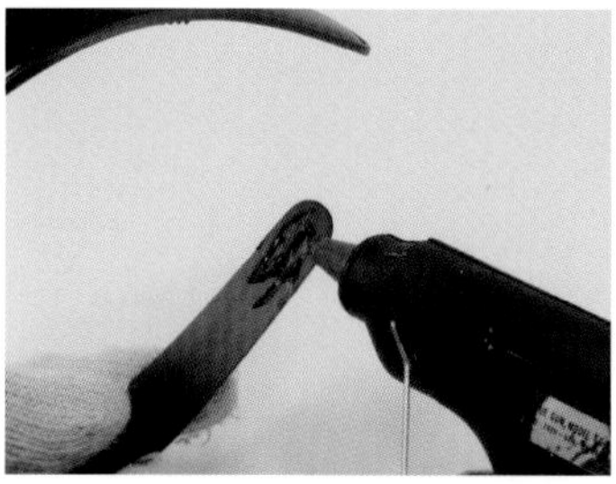

1. 髮箍一端，用熱溶槍黏貼毛線。

2. 緊密纏繞毛線。

3. 用熱溶槍固定結尾。

4. 剪去多於毛線。

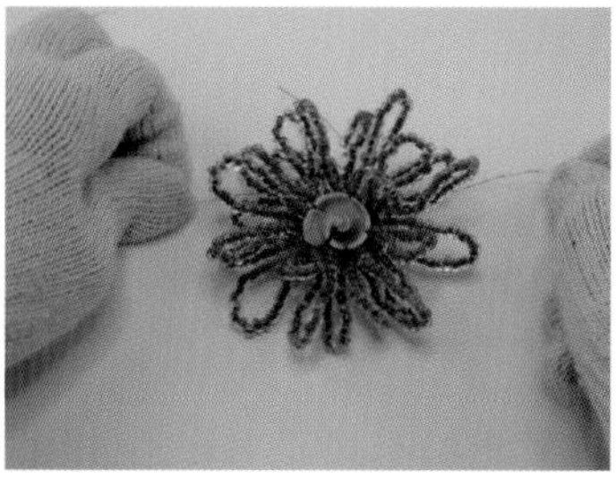

5. 做一朵珠花（參考愛琴海飾品組髮夾）。

6. 用銅線綁緊在髮箍上。

8. 完成圖

AGEAN SEA

第七章
愛琴海飾品組

如果讓我許個願，很想飛到愛琴海那端，吹吹風、踱踱步，將異國情懷繫在髮飾裡！

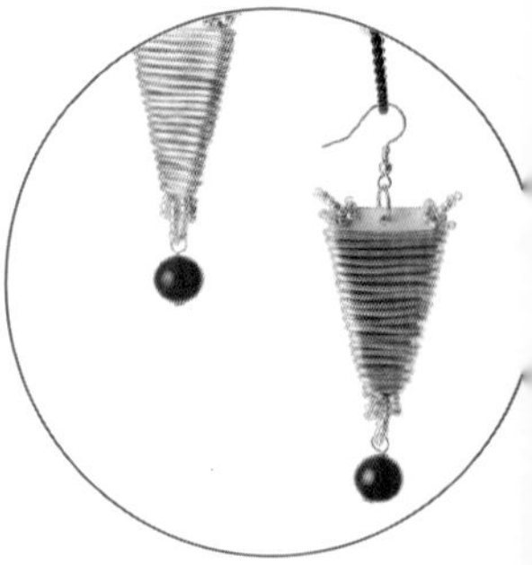

沂蓁飾品魔法師
Yi Jen Accessories Magician

帥氣

沂蓁飾品魔法師
Yi Jen Accessories Magician

愛琴海飾品組

項鍊

沂蓁心語

* 大金屬圈來自大的奶粉罐，做頸圈剛剛好，現在您知道瓶瓶罐罐不用丟了。
* 沒有合適的吊墜？沒關係，沒有它，有另一種味道喔！

準備材料

1. 大金屬圈1個(直徑13cm，取自大奶粉罐)參考基本功之「取出金屬圈&纏保護膠布」
2. 桃紅和粉紅色毛線各數量
3. 8mm單圈4個
4. 問號型開關扣1個
5. 水晶吊墜1個

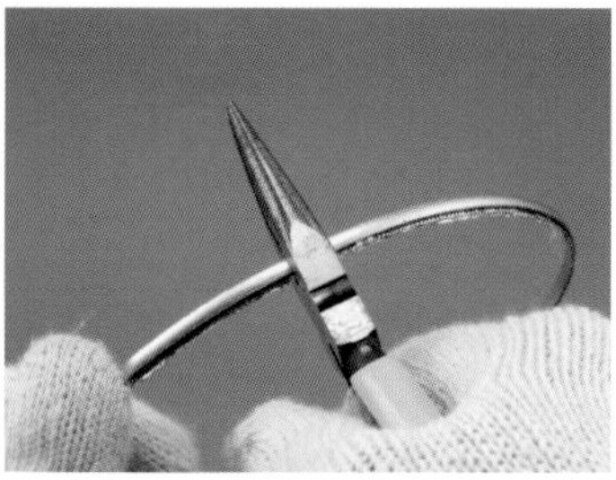

1. 剪斷大金屬圈。

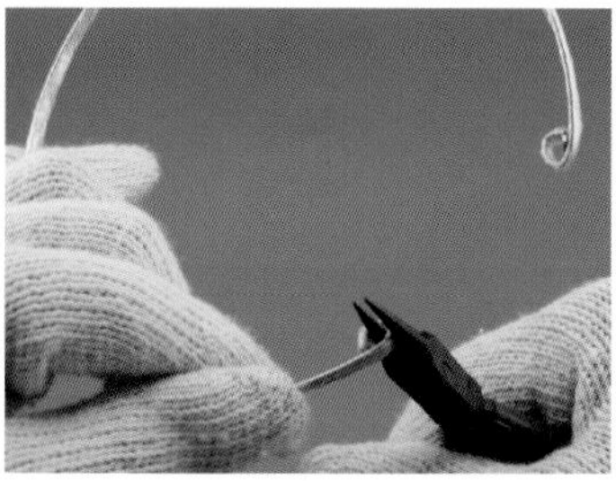

2. 兩端捲小圈。

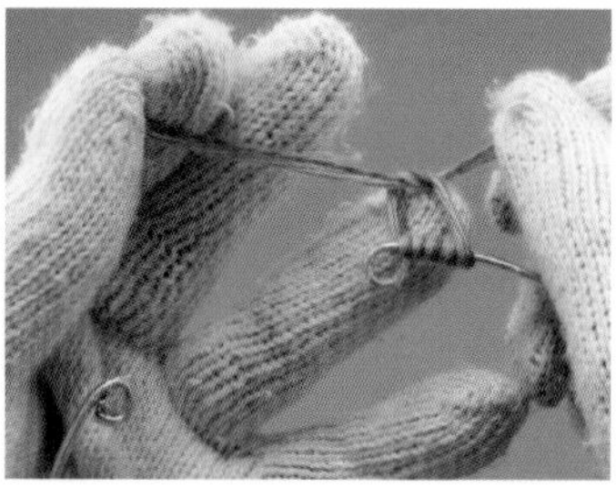

3. 如圖，雙色毛線一端先纏繞數圈後，再打雙結，上白膠漿。

4. 緊密纏繞至另一端。

5. 如圖打結 2 次，上透明膠水，剪齊。

6. 小金屬圈用雙色毛線緊密纏繞，用餘線將其綁在大圈的中間點（參考夏日風情飾品項鍊福祿項鍊步驟 1-5)。

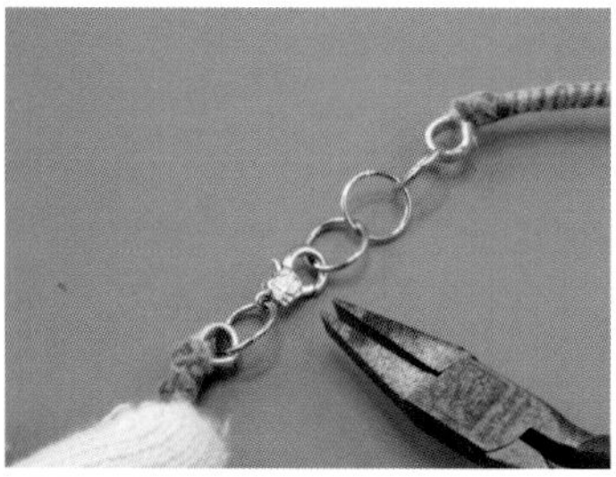

7. 接上單圈和開關扣。

8. 接上吊墜。

9. 完成圖

愛琴海飾品組

手環

準備材料

1. 金屬圈1個(3.5cm寬&直徑6.5cm)參考基本功之「基礎手環零件」
2. 紅色&桃紅色毛線各數量
3. 5mm粉紅膠珠數量
4. 8/O&12/O紅色玻璃珠各數量
5. 0.4mm銅線1條(約300cm)

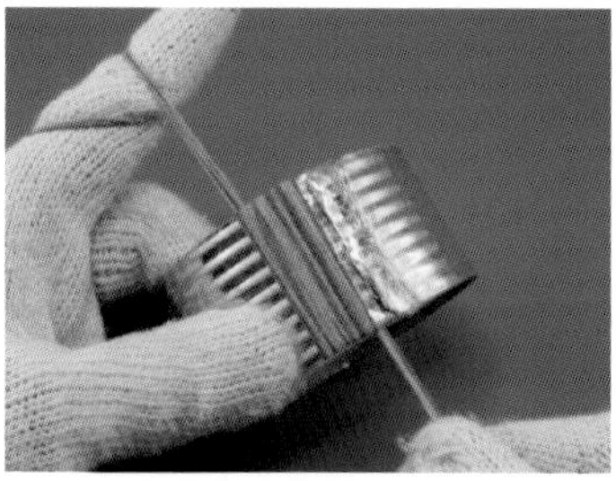

1. 金屬圈用紅和桃紅色毛線緊密纏繞。

2. 一邊繞，一邊向前推緊，以便完全覆蓋金屬圈。

3. 在內部打雙結。

4. 上膠水並剪去多餘線。

5. 銅線穿上 12/O 玻璃珠，長度與金屬圈同寬，在外繞一圈，穿上 8/O 玻璃珠，繞一圈，再穿上粉紅膠珠，再繞一圈，以此類推。

6. 平均分七組圖案完成，將兩端線鎖緊，剪去多餘線，藏好線。

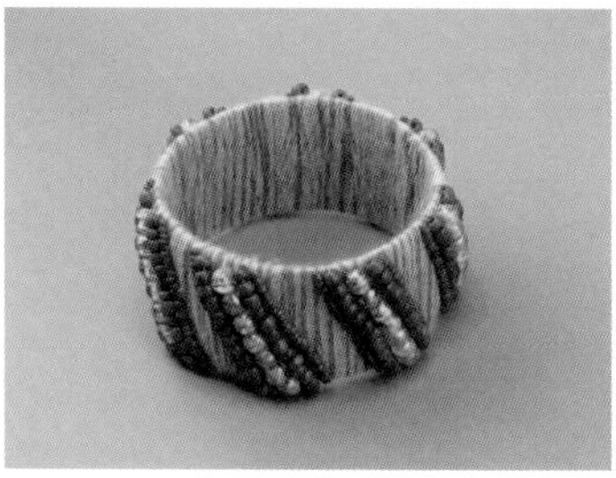

7. 完成圖

沂蓁心語

＊ 纏繞珠子前，先想好要分幾組圖案，然後再平均纏繞在手環上。
＊ 先試做一個較窄的手環，容易控制多了。
＊ 也可以好好利用舊的木製或膠製手環代替金屬圈，又會變成一個獨一無二的新飾品喔！

蓁 沂蓁飾品魔法師
Yi Jen Accessories Magician

愛琴海飾品組

多用途髮夾、胸針

準備材料

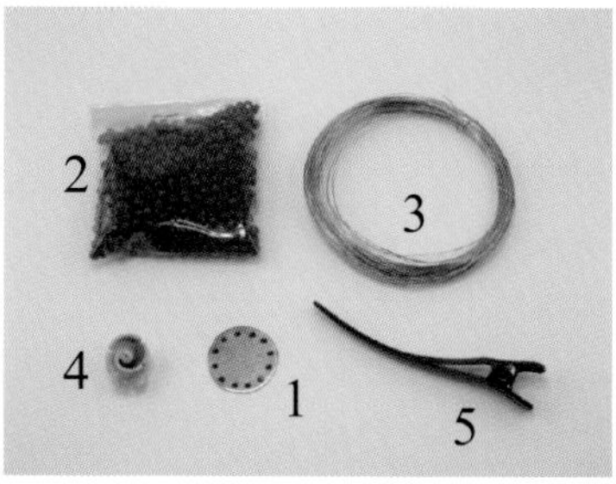

1. 圓形金屬片1片(直徑2.3cm)參考基本功之「圓形金屬片」
2. 6/O紅色玻璃珠數量
3. 0.4mm銅線1條(約190cm)
4. 紫色貝殼1個
5. 黑色髮夾1支

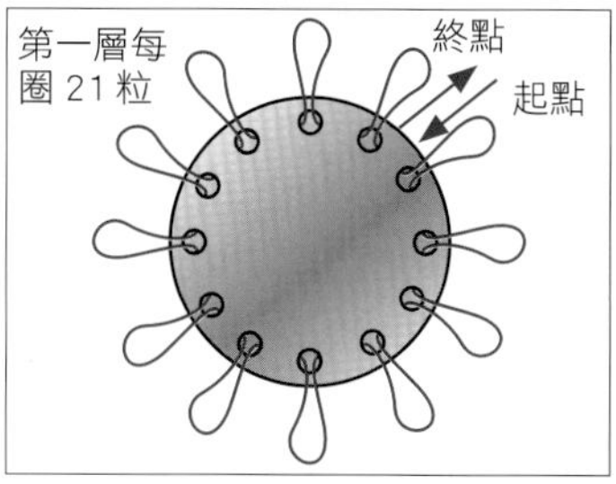

1. 如圖，金屬片打洞，銅線穿珠。

2. 同一個孔出，同一個孔入。

3. 第一層，每圈 21 粒珠。

4. 在同一個孔，再穿第二層，每圈 27 粒珠，餘線扭緊。

5. 餘線將髮夾綁緊在背面，也可以用熱溶槍固定髮夾再綁。

6. 熱溶槍固定貝殼在中間。

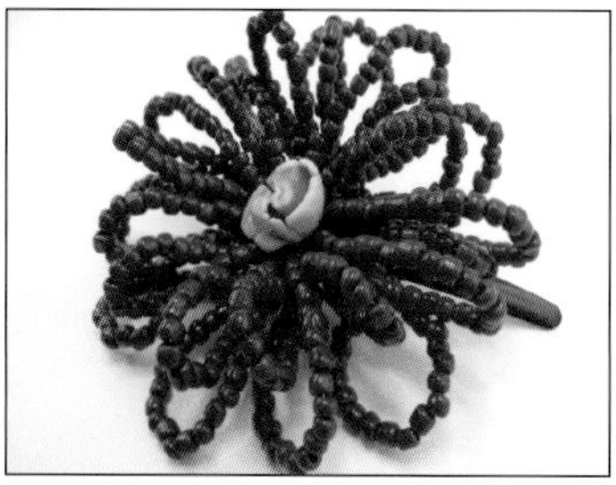

7. 完成圖

沂蓁心語

＊ 一朵美麗別緻的珠花，夾在髮髻上，出色亮麗。
＊ 還可以夾在西裝外套上，成為一朵可愛的胸花。

蓁 沂蓁飾品魔法師
Yi Jen Accessories Magician

愛琴海飾品組

耳環

沂蓁心語

* 如果把三角型的長度再加長，會較誇張，但很適合出色的妳。
* 做多幾對不同顏色的珠子備用，以便配襯不同顏色的服裝，幾秒鐘就可更換，多方便實用啊！不同大小的珠子，也有不同感覺喔！

準備材料

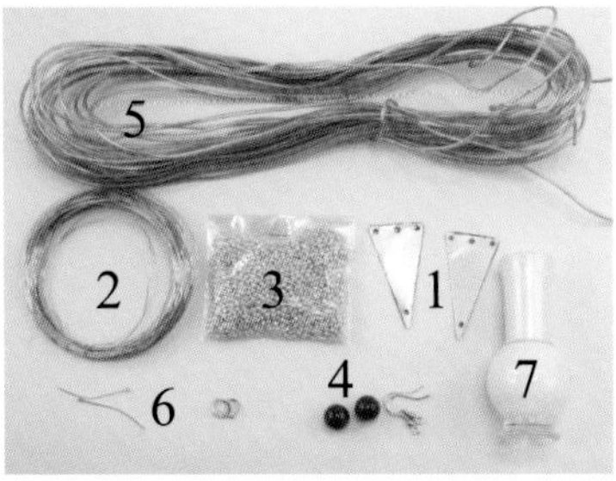

1. 等邊三角型金屬片2片(2.5cm寬X 3.5cm高)參照基本功之「圓形或方形金屬片」
2. 1.5mm銀色銅線2條(每條約14吋)
3. 12/O銀色玻璃珠數量
4. 10mm紅色珠2粒
5. 0.4mm銅線6條(每條約30cm)
6. T字針2支
7. 白色指甲油
8. 耳環鉤1對
9. 8mm單圈2個

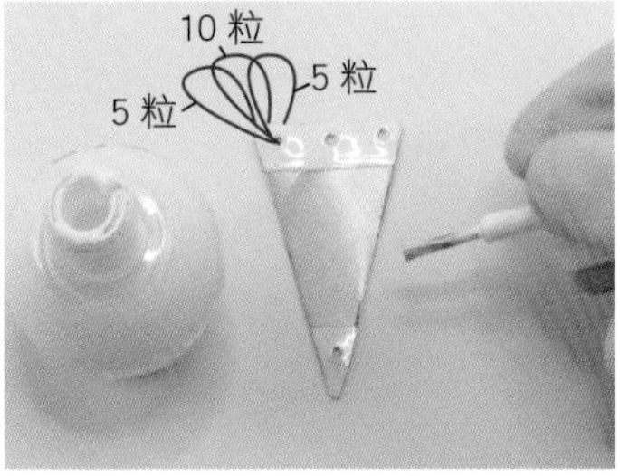

1. 如圖，金屬片打洞，用白色指甲油上色，待乾。

2. 銅線穿上珠，在 3 個孔各繞 3 圈珠(參考海洋之星飾品組耳環步驟 1-3)。

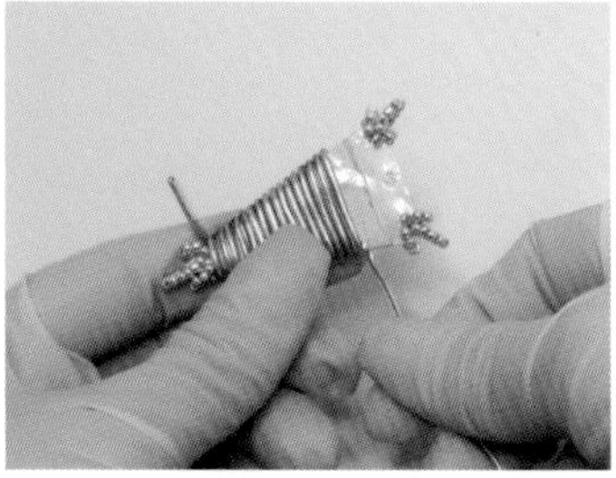

3. 銀色銅線緊密纏繞在金屬片上。

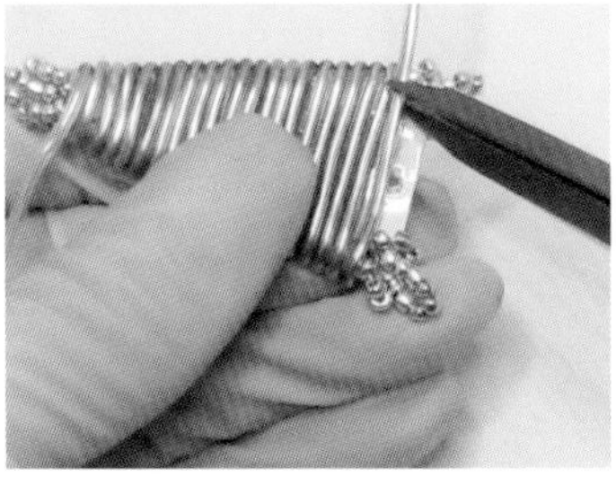

4. 剪去多餘的銅線。

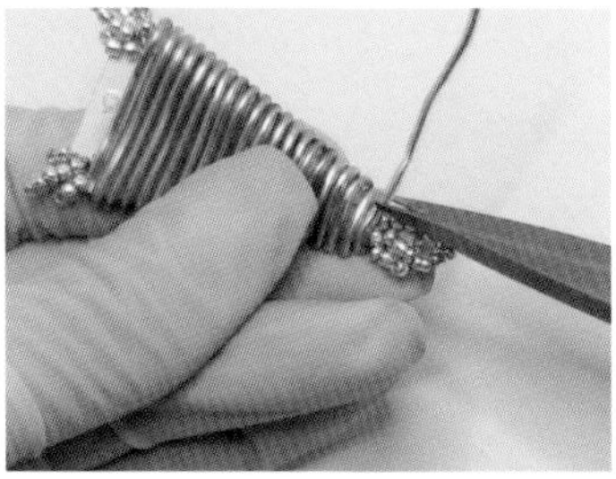

5. 剪去另一邊多餘的銅線。

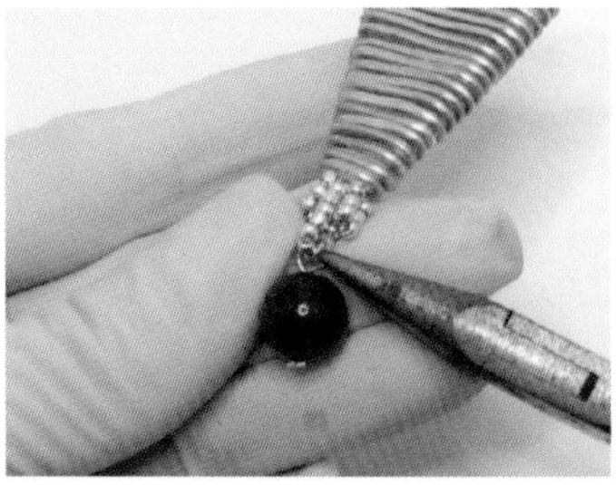

6. 紅珠穿上T字針，捲成小圈(參考時尚冶艷飾品組耳環)，裝上紅珠。

7. 另一邊用單圈裝上耳環鉤。

8. 完成圖

蓁 沂蓁飾品魔法師
Yi Jen Accessories Magician

愛琴海飾品組

第八章
潮男、潮女流行飾品組

說過了：穿一樣的Ｔ恤、掛同樣的項鍊、手牽手，戴著世上唯一的手環，直到永遠！

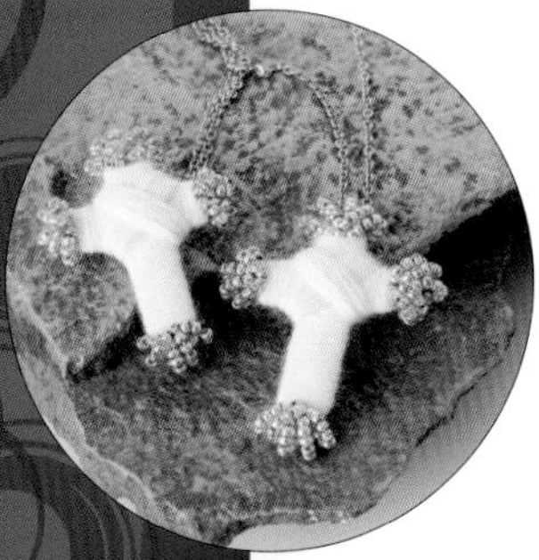

沂蓁飾品魔法師
Yi Jen Accessories Magician

潮男、潮女流行飾品組

情侶手環

準備材料

1. 長方型金屬片(2.3cm X 7cm)參照基本功之「方形金屬片」或「基礎手環零件」
2. 牛仔布2片
3. 10mm白色膠珠2個
4. 直徑5mm單圈8個
5. 9字針2支
6. 問號形開關扣2個

1. 如圖，四角打洞（參考基本功之方形金屬片），上白膠漿。

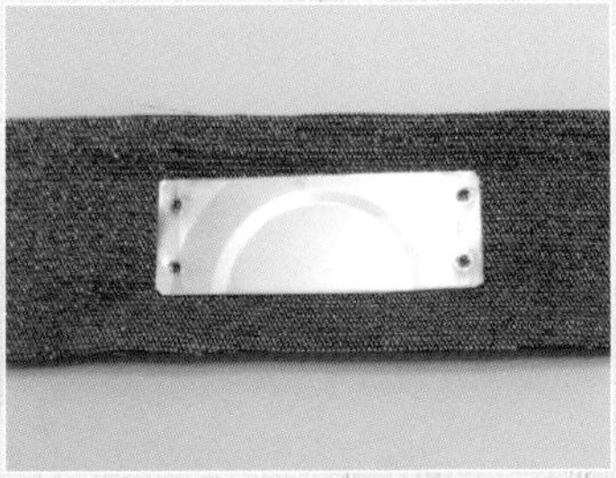

2. 將金屬片黏在布中間。

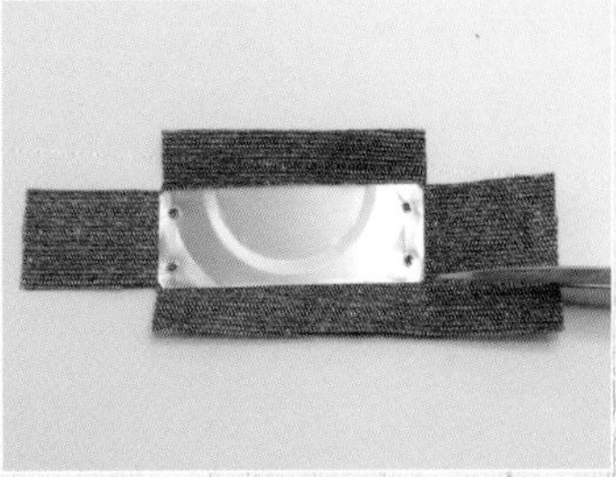

3. 如圖，剪去布四個角的部份，左右上下的布裁到剛好覆蓋金屬片的尺寸。

由 1～4 方向往金屬片順序內折

1　**2**　**3**　**4**

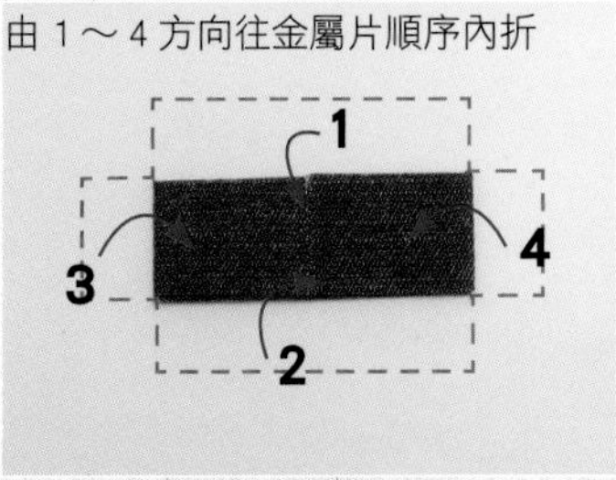

4. 再用白膠漿黏在金屬片上，另一片則用布的背面做。

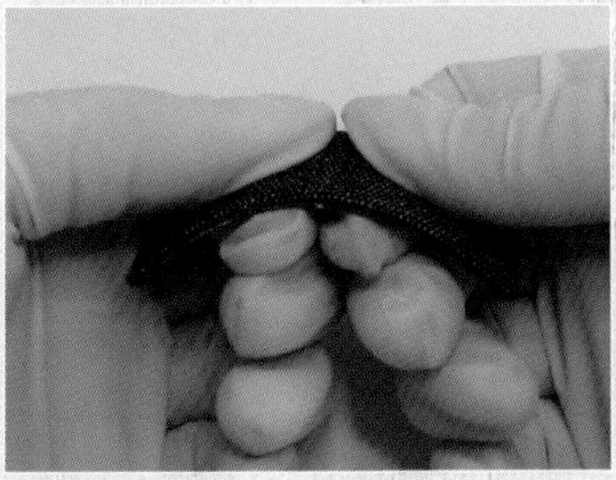

5. 待乾後，手指輕壓成弧形。

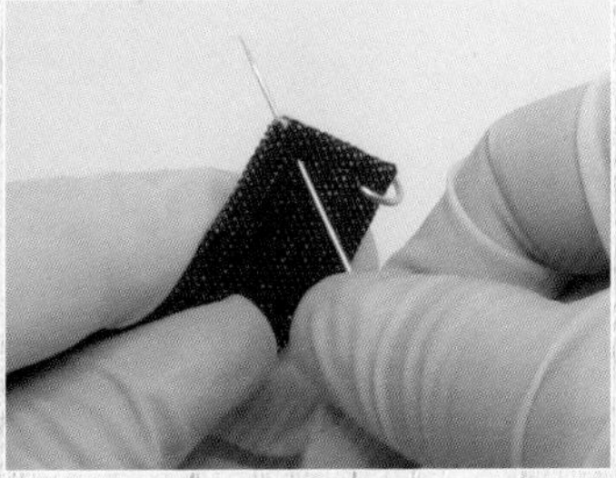

6. 針將洞弄大些。

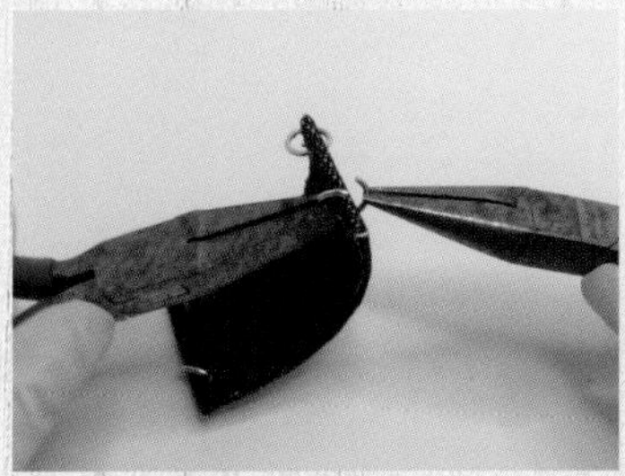

7. 鉗子穿上單圈，其它洞如是做法。

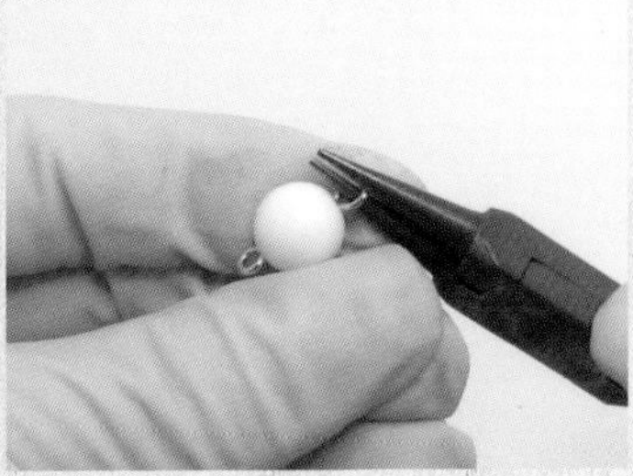

8. 9 字針穿上膠珠，剪餘 9mm，捲成中圈（參考時尚冶艷飾品組耳環），共做 4 個。

9. 用膠珠連接兩金屬片。

10. 另一端接上問號形開關扣。

11. 完成圖

沂蓁心語

* 做一件大號的給你的另一半，絕對是一份甜蜜的禮物。

* 用花布做做看，感覺不一樣，送給姐妹，必定姐妹情深。

潮男、潮女流行飾品組

星語胸針、髮夾和項鍊多用途（男女適用）

沂蓁心語

* 星星知我心，代表一顆天上閃爍的小星星，像永遠守護著對方的精靈
* 再做一條當頸鍊，成雙成對的情侶飾品，情人節那天再溫馨不過了。

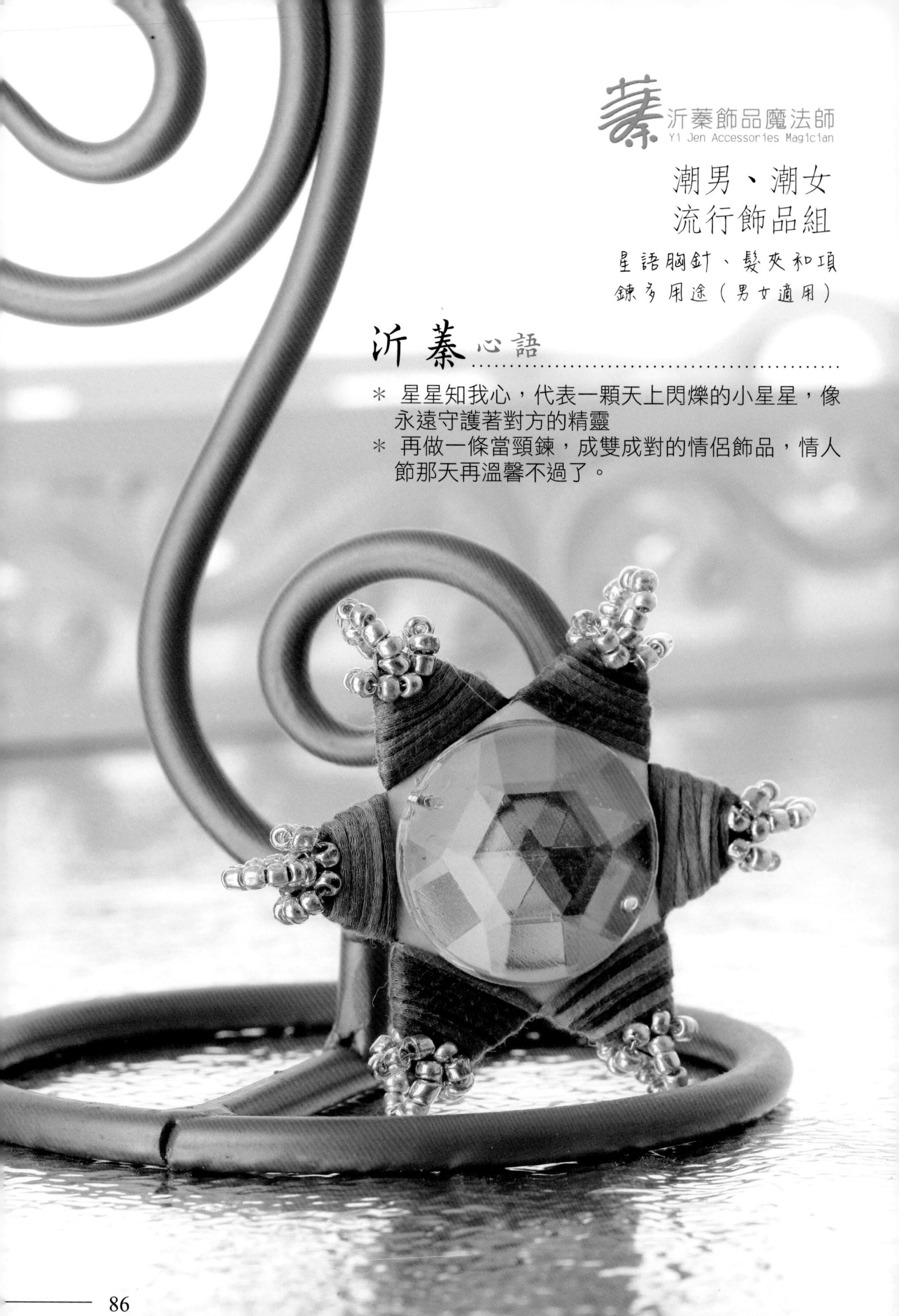

準備材料

1. 正三角型金屬片2片(邊5cm)參考基本功之「方形金屬片」
2. 藍色毛線數量
3. 12/O銀色玻璃珠數量
4. 直徑5cm壓克力鑽1個
5. 0.4mm銅線6條(每條約30cm)
6. 白色指甲油
7. 別針和髮夾兩用圓底1隻

1. 如圖，正三角型金屬片先打洞再用熱溶槍拼成一個星形。

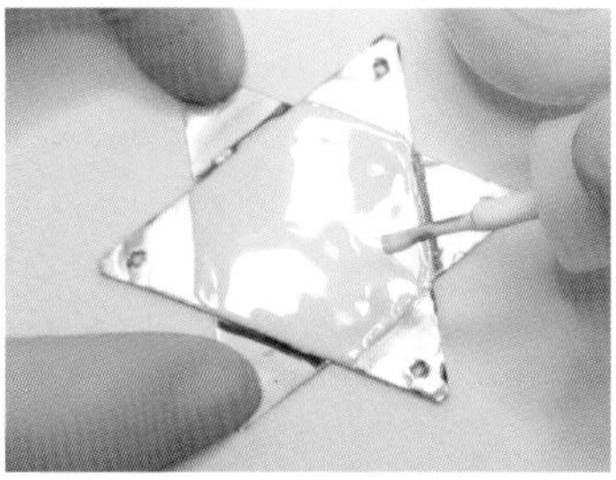

2. 中間部份上指甲油，待乾。

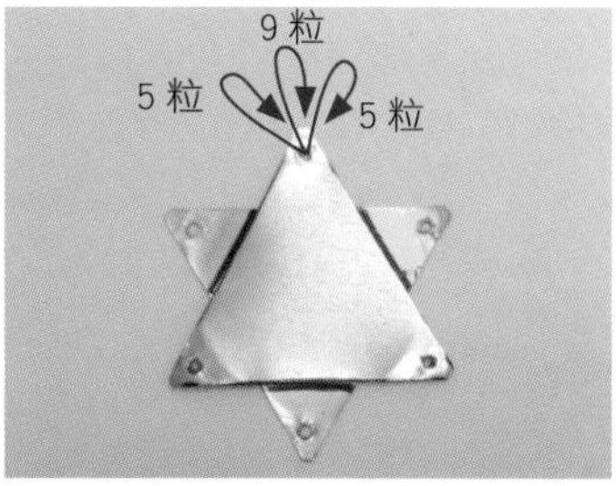

3. 每個孔各繞 3 圈珠(參考海洋之星飾品組耳環步驟1-3)。

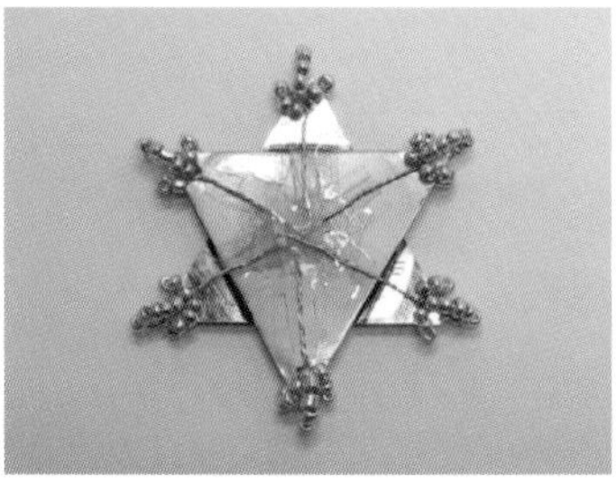

4. 透明膠布把線頭固定在背面。

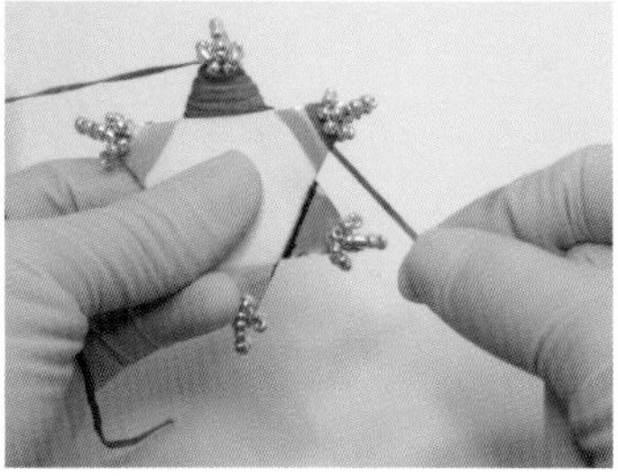

5. 毛線來回緊密纏繞。

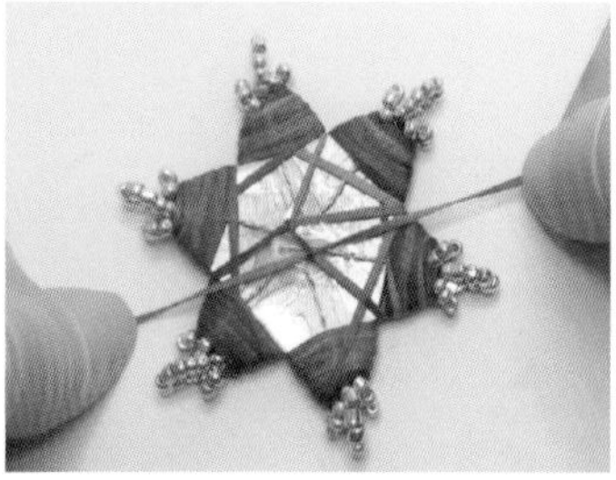

6. 打結固定。

7. 熱溶槍固定「別針和髮夾兩用圓底」。

8. 固定壓克力鑽在白色指甲油那面。

9. 完成圖

蓁 沂蓁飾品魔法師
Yi Jen Accessories Magician

潮男、潮女
流行飾品組

潮男項鍊

沂蓁心語

* 如果你是繪畫高手，定可創造更有型有格的墜子。
* 設計別具意義的圖案或文字，會是你倆最有紀念價值的定情信物了。

準備材料

1. 長方型金屬片1片(2cm X 4cm)參考基本功之「方形金屬片」
2. 長方型金屬片1片(1.6cm X 3cm)
3. 白布1片
4. 直徑5mm單圈1個
5. 細項鏈1條
6. 白色&透明指甲油
7.黑色水彩顏料或指甲油皆可

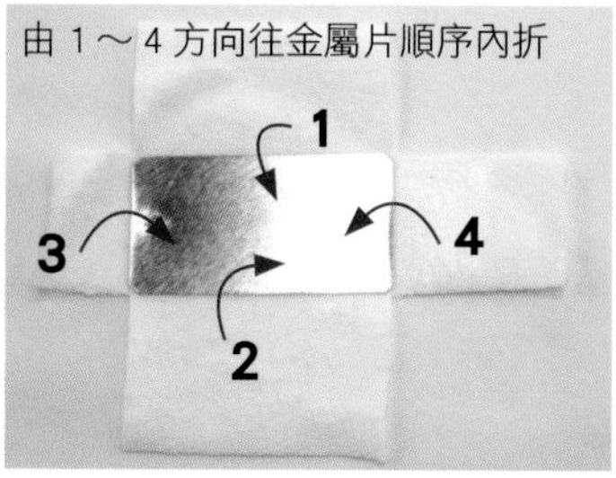

1. 白布把大金屬片包好（參考潮男、潮女流行飾品組情侶手鏈步驟 1-4)。

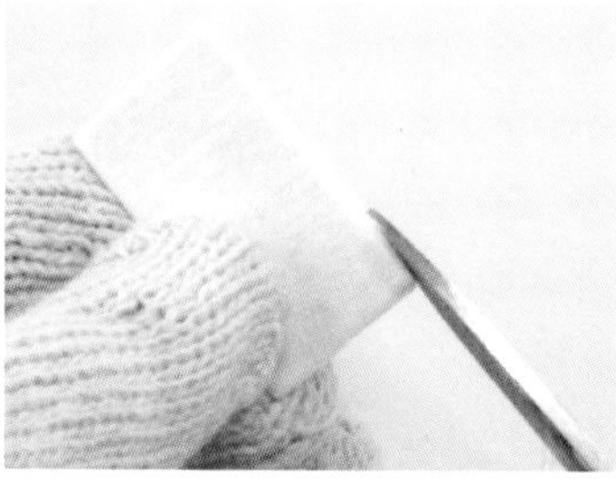

2. 修剪整齊。

3. 針將洞弄大，穿上單圈。

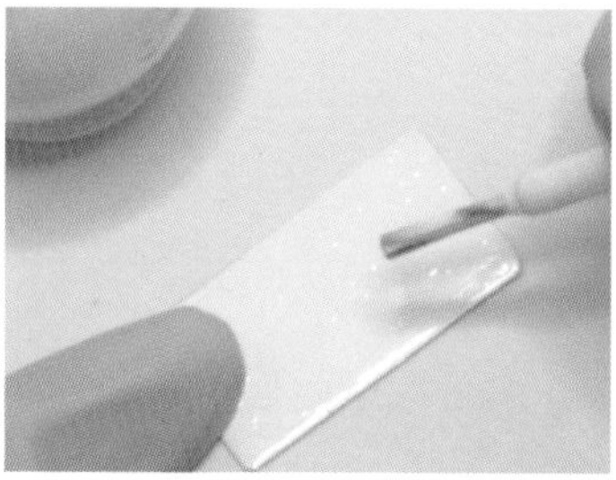

4. 小金屬片用白色指甲油上色，待乾。

5. 用顏料畫上自己喜愛圖案。

6. 待乾，用 AB 膠固定在大金屬片上。

7. 再上一層透明指甲油，裝上頸鍊。

8. 完成圖

沂蓁飾品魔法師
Yi Jen Accessories Magician

潮男、潮女流行飾品組

十字架對鍊

準備材料

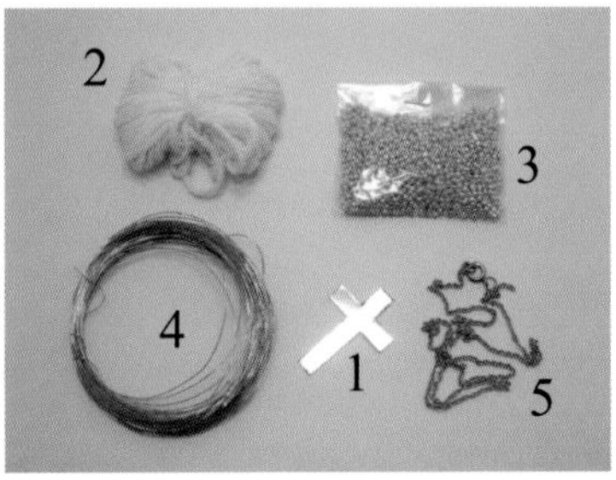

1. 十 字 架 金 屬 片 1 片(3cmX4.3cm)參考基本功之圓形金屬片
2. 白色毛線數量
3. 12/O銀色玻璃珠數量
4. 0.4mm銅線6條(每條約30cm)
5. 細項鏈1條

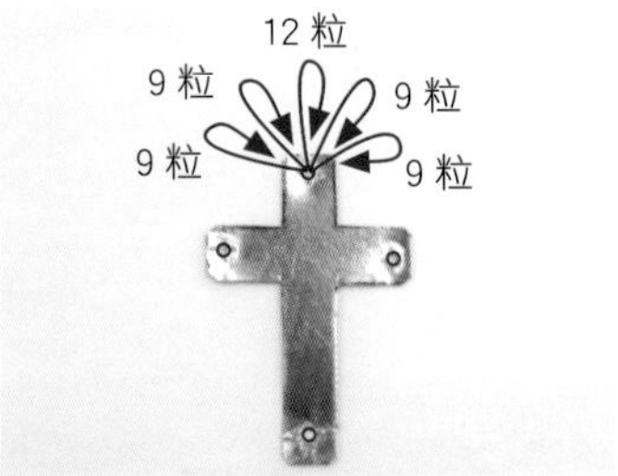

1. 如圖，金屬片打洞，每個孔各繞 5 圈珠（參照海洋之星飾品組耳環）。

2. 透明膠布固定線頭在背面。

3. 毛線緊密纏繞，每邊來回雙層。

4. 緊密纏繞好四邊。

5. 在中間緊密纏繞，做成交叉。

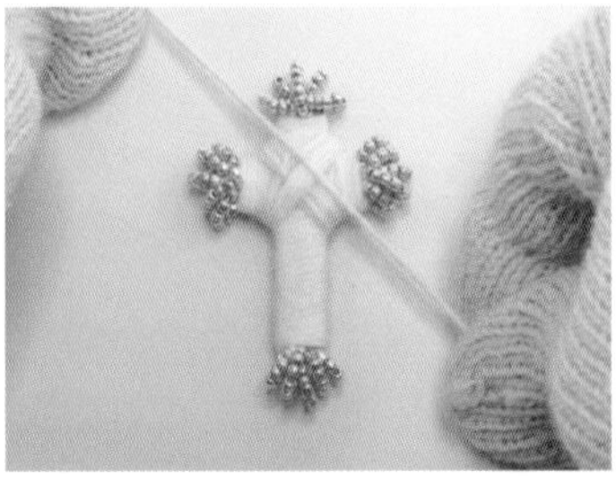

6. 在背面打雙結，上透明膠水固定，裝上鍊子。

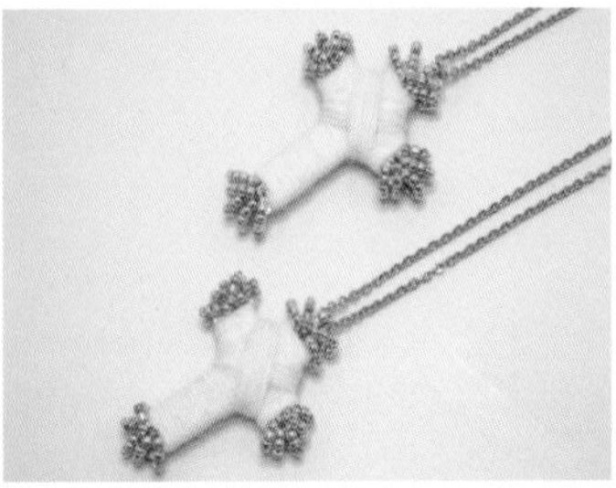

7. 完成圖

沂蓁心語

* 十字架是基督教信仰的象徵，不管有沒有這個宗教信仰，現今已成為永不退流行的飾品，絕對值得擁有。

沂蓁飾品魔法師
Yi Jen Accessories Magician

潮男、潮女
流行飾品組

胸針之一

準備材料

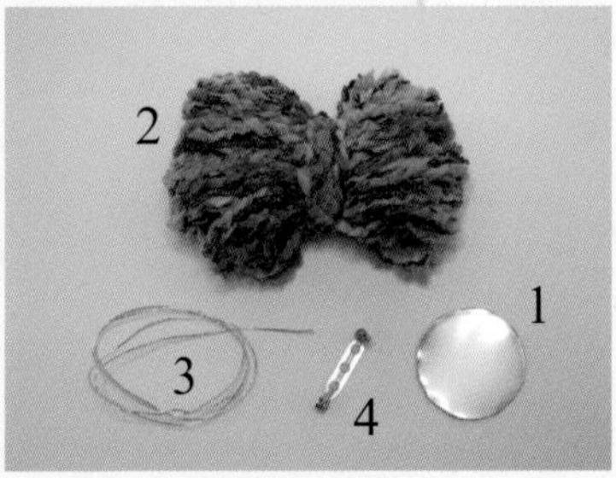

1. 圓金屬片1片(直徑3cm)
2. 彩色毛線數量
3. 0.4mm銅線2條(每條約10cm)
4. 別針

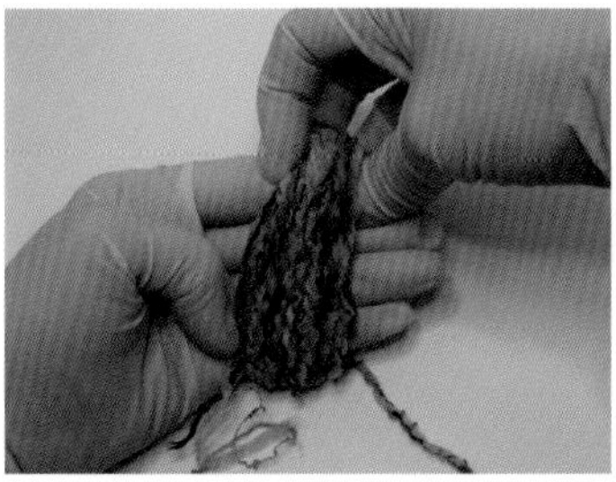

1. 用四隻手指（可用卡紙代替）繞數圈，取出。

2. 銅線在中間綁緊固定。

3. 散開毛線。

4. 做一些流蘇毛線，用剩餘的銅線頭綁在一起。

5. 另用三隻手指再做一個，剪開毛線。

6. 散開毛線。

7. 用熱溶槍將小的固定在大的上面（流蘇在兩毛線花中層）。

8. 用熱溶槍固定金屬片和別針。

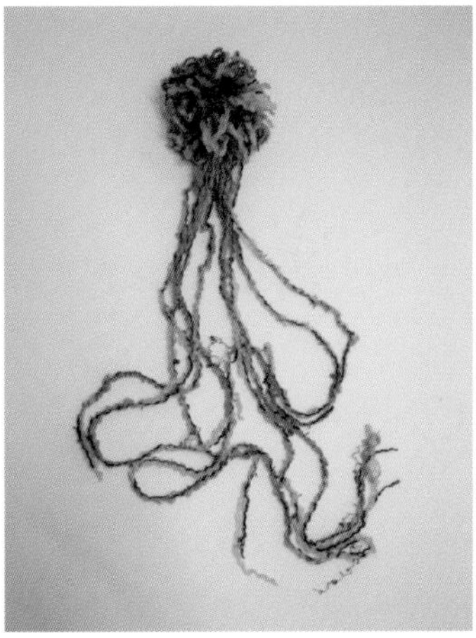

9. 完成圖

沂蓁心語

* 上下兩朵不同大小的毛線花，中層加些流蘇，可使整體變得更有立體感。
* 線不要選擇太細或平滑，比較有飽滿的效果。
* 加兩個毛線花在鞋子上也是不錯的變化。

準備材料

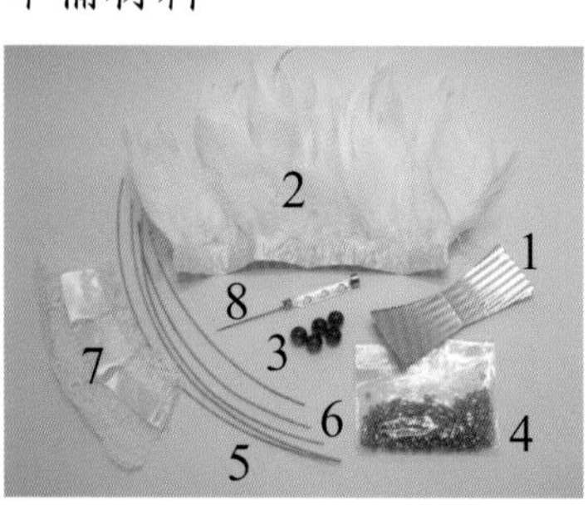

1. 金屬片1片(能遮蓋步驟5的尺寸)參考基本功之「方形金屬片」
2. 白羽毛(約14cm長)
3. 6/O水藍色玻璃珠
4. 8mm藍色玻璃圓珠
5. 直徑1mm銅針3支(分別16、18、20cm)
6. 0.4mm銅線1條
7. 蕾絲1段
8. 別針

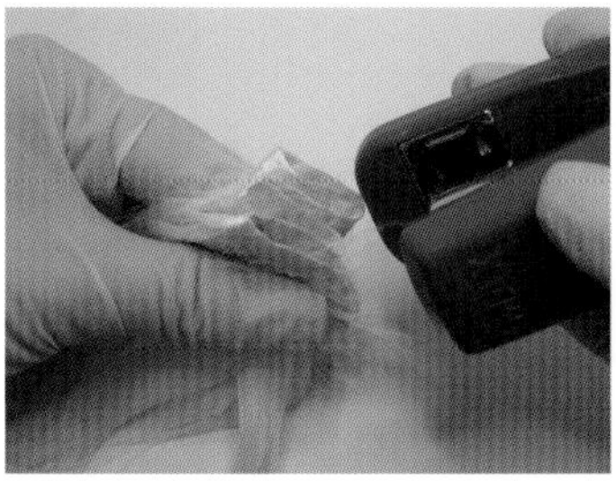

1. 羽毛每 2cm 摺起，用釘書機固定。

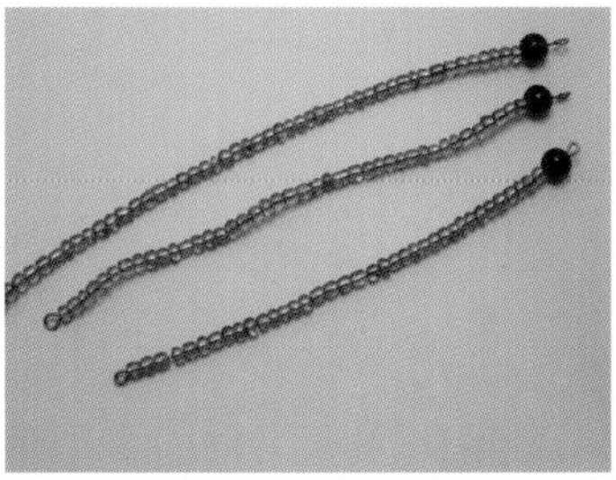

2. 如圖，銅針一端屈成小圈，穿上珠子，留約 9mm，屈成小圈。

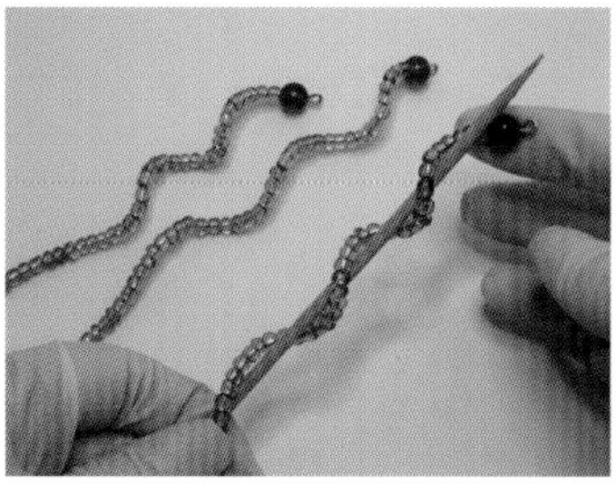

3. 竹簽繞成流線型。

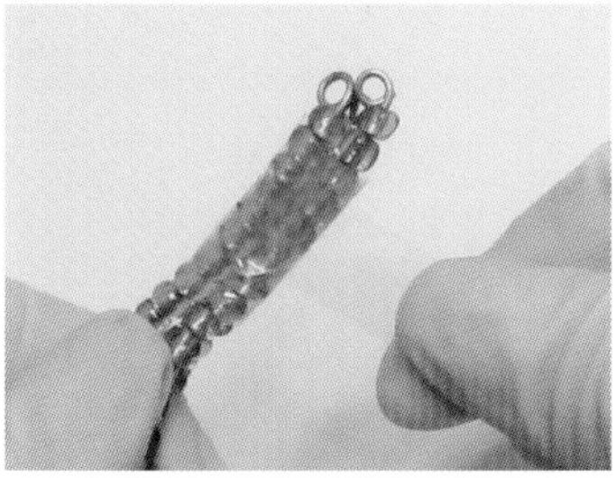

4. 透明膠布固定在一起。

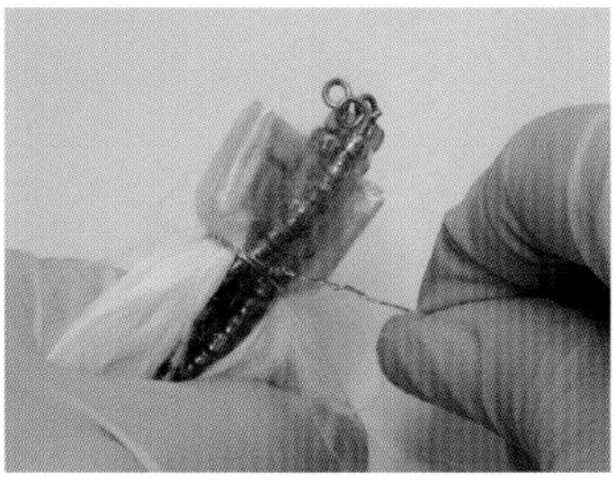

5. 用透明膠布和細銅線再跟羽毛固定在一起。

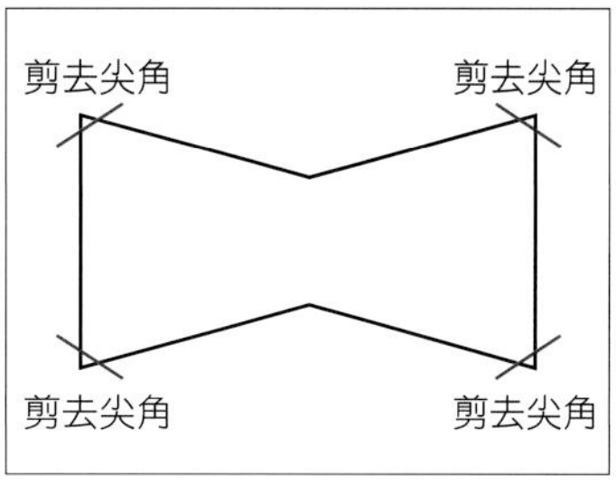

6. 金屬片剪成上寬下窄的圖型，剪去太尖的角，以免刺傷。

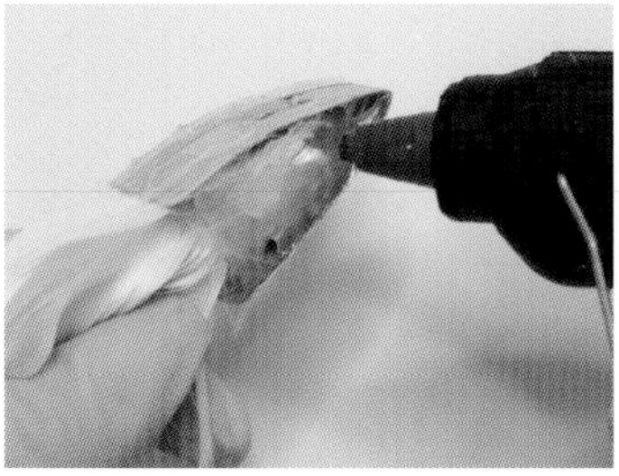

7. 金屬片對折，用熱溶槍包住胸花底部。

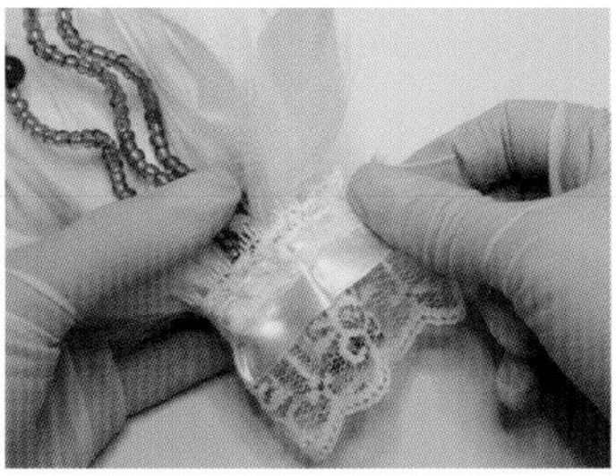

8. 熱溶槍將蕾絲覆蓋在金屬片上。

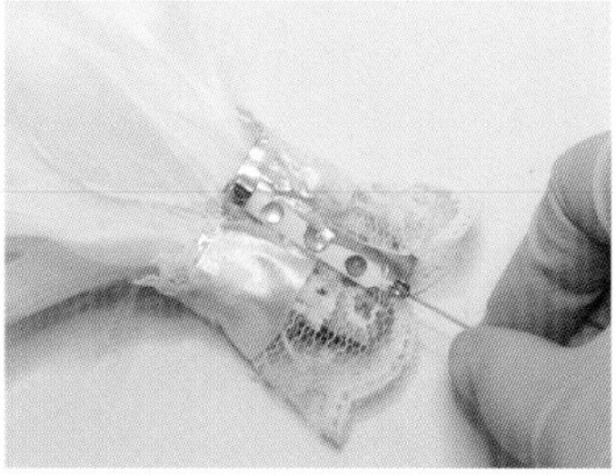

9. 熱溶槍固定別針。

10. 完成圖

沂蓁心語

＊ 步驟 2，珠子不可穿得太密，做成流線時，才不會太擠。
＊ 步驟 7，使用熱溶槍的份量不可太多，以免滲透出來。

沂蓁飾品魔法師
Yi Jen Accessories Magician

潮男、潮女流行飾品組
傳情勵志書簽

準備材料

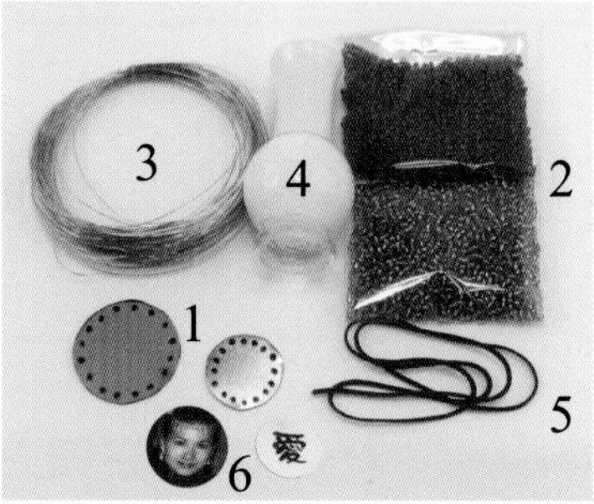

1. 圓形金屬片2片(直徑2.3cm &3cm)參考基本功之「圓形金屬片」
2. 12/O桃紅色&綠色玻璃珠數量
3. 0.4mm銅線2條(每條約60cm)
4. 白色指甲油
5. 深藍色細尼龍線1條
6. 照片或圖案4張

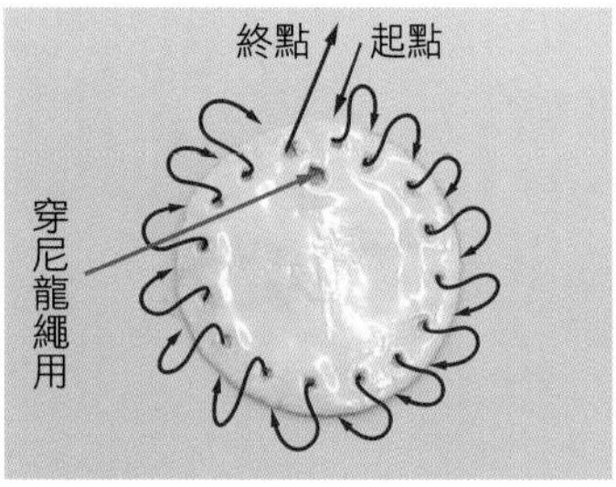

1. 如圖，金屬片打洞，白色指甲油上色，穿好珠子，數量隨意。

2. 把線頭鎖緊，再做另一個綠色。

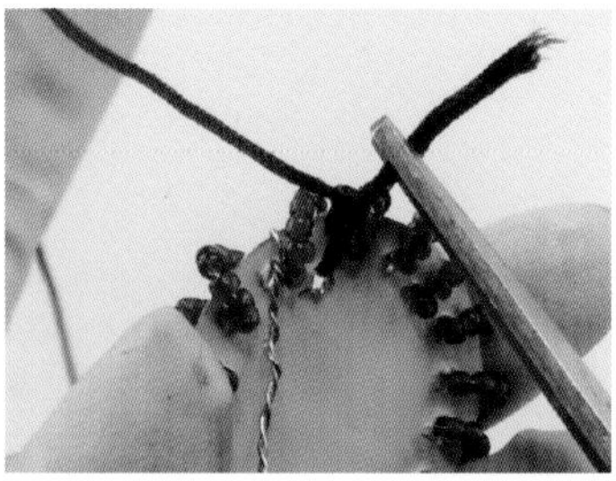

3. 綁上尼龍線，打雙結，剪去一邊線。

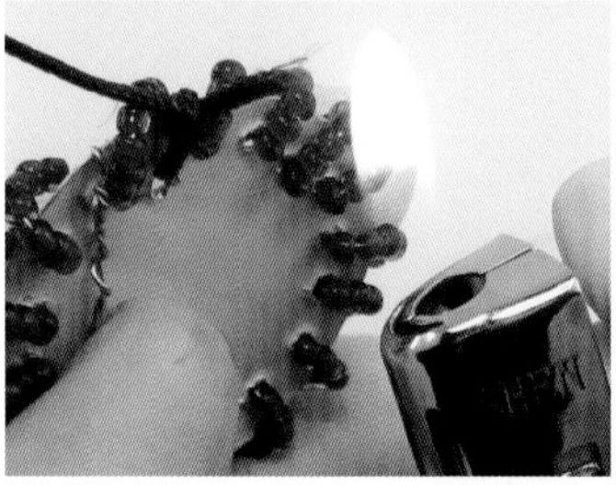

4. 用火輕燒線頭，使其溶解。

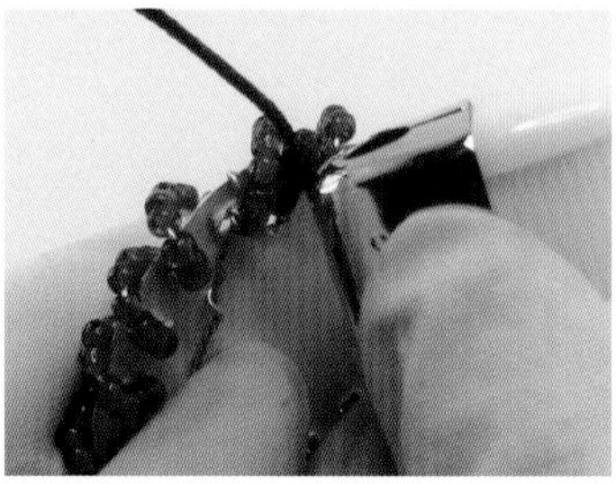

5. 再壓緊黏住，固定線頭，另一端如是做法。

6. 銅線頭剪短，並盡量壓入孔裏。

7. 兩邊用白膠漿貼上照片。

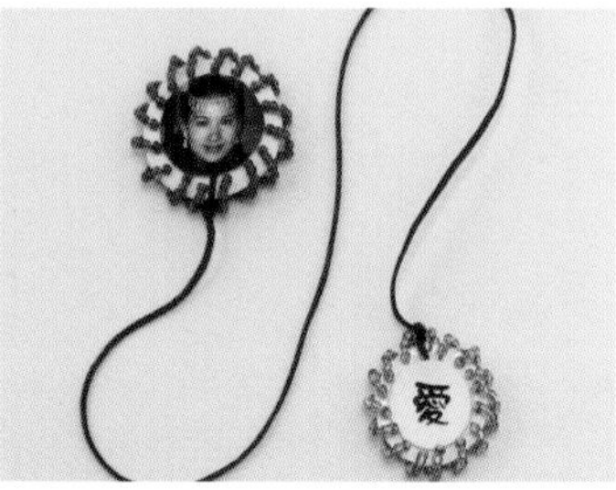

8. 完成圖

沂蓁飾品魔法師
Yi Jen Accessories Magician
DIY Tin Accessories Magic Book
罐頭飾品魔法書
—首部曲—
罐頭飾品教主..........黎沂蓁 編著
• 首創罐頭解體 變身精美飾品
• 環保變地球 廢物變時尚
• 現學現會的手工飾品書

沂蓁 心語

* 這一枚實用又美觀的傳情勵志書簽。
* 特別的書簽，不論在圖書館、學校、辦公室、咖啡廳，都會無意中散發您個人獨特的氣質和品味。
* 這個做法用來做項鍊，也很特別喔！
* 記得用去指甲油水去掉金屬片上的記號。

沂蓁飾品魔法師
Yi Jen Accessories Magician

潮男、潮女
流行飾品組
傳情勵志書簽

沂蓁去哪裏尋寶？

沂蓁是喜歡到處逛逛、走馬看花的人，買東西通常沒有特定的地方，不過買材料免不了要拜訪一些集中地，台灣 DIY 材料店的集中地在台北市延平北路一段和長安西路交叉口一帶，我常會找到合適材料的地方列於下面，種類多、質地也不錯，方便大家有個目標去挖寶。

藏寶地點：

沐錦飾品材料有限公司

台北市延平北路一段 79 號 (02)2552-1509 (02)2552-1507

增樺企業有限公司

台北市長安西路 332 號 (02)2556-7966 ～ 7

溪水鞋釦工藝社

台北市長安西路 278 號 (02)2558-3957 (02)2558-6004

台南市正興街 40 號 (06)222-7911 (06)221-7046

藆 沂蓁飾品魔法師
Yi Jen Accessories Magician

罐頭飾品魔法書

有獎意見調查

姓名：＿＿＿＿＿＿＿＿＿＿　性別：＿＿＿＿

出生日期：＿＿＿＿＿＿＿＿　聯絡電話：＿＿＿＿＿＿＿＿＿＿

E-mail：＿＿＿＿＿＿＿＿＿＿＿＿＿＿＿＿＿＿＿＿

通訊地址：＿＿＿＿＿＿＿＿＿＿＿＿＿＿＿＿＿＿＿

學歷：＿＿＿＿＿＿＿＿＿＿　職業：＿＿＿＿＿＿＿＿＿＿

我曾經：

☐串珠　☐編織毛衣　☐拼布　☐折紙　☐黏土　☐中國結　☐繪畫

☐其它＿＿＿＿＿＿＿＿＿＿

購買此書的原因：

☐很特別、很新的手作　☐正想學習手作　☐常常學習手工　☐已經是手作高手

☐收集手作書資料　☐純為欣賞　☐精美吸引我購買

☐其它原因＿＿＿＿＿＿＿＿＿＿

從何處得知此書：

☐書店　☐廣告　☐親友推介　☐其它原因＿＿＿＿＿＿＿＿＿＿

購書地點：＿＿＿＿＿＿＿＿＿＿＿＿＿＿＿＿＿＿＿＿

填妥此表 E-mail 到 t.a.founder@gmail.com，我們會將領取禮物的函件寄到您的 E-mail，先到先得，送完即止，以後有任何優惠資訊也會寄到您的通訊地址或 E-mail。

沂蓁飾品魔法師 / 蔡沂蓁著. -- 初版. -- 臺北市 :
市 : 博客思, 2010.09
面 ; 公分
ISBN 978-986-6589-25-6(平裝)
1.裝飾品 2.手工藝
426.9 99015200

罐頭飾品魔法書
編 著 者：蔡沂蓁
責任編輯：張加君
整體造型設計：蔡沂蓁
模特示範：蔡亞璇
美學顧問：波羅海古美術 蔡奇勳
服裝提供：新力百貨北市民權東路3段160巷17號1樓(02)27122346
美術編輯：J・S
出 版 者：博客思出版社
地 址：台北市中正區開封街一段20號4樓
電 話：(02)2331-1675 傳真：(02)2382-6225
總 經 銷：成信文化事業股份有限公司
劃撥戶名：蘭臺出版社 劃撥帳號：18995335
網路書店：http://www.5w.com.tw
E-MAIL：lt5w.lu@msa.hinet.net books5w@gmail.com
網路書店：博客來網路書店 http://www.books.com.tw
中美書街 http://chung-mei.biz
香港總代理：香港聯合零售有限公司
地 址：香港新界大蒲汀麗路36號中華商務印刷大樓
C&C Building,36,Ting Lai Road,Tai Po,New Territories
電 話：(852)2150-2100 傳真：(852)2356-0735
出版日期：2010年9月1日初版
定 價：新臺幣 350 元

沂蓁飾品魔法師
Yi Jen Accessories Magician

ISBN - 978-986-6589-25-6